VUES NOUVELLES

SUR

LES COURANS D'EAU,

LA NAVIGATION INTÉRIEURE

ET

LA MARINE.

VUES NOUVELLES

SUR

LES COURANS D'EAU,

LA NAVIGATION INTÉRIEURE

ET

LA MARINE;

PASCAL DUQUEST.

[illegible]

À PARIS,

Chez { [illegible], Libraire, quai des Augustins.
[illegible]
[illegible], rue de Thionville.
[illegible], rue des Mathurins.

XII. — (1803).

VUES NOUVELLES

SUR

LES COURANS D'EAU,

LA NAVIGATION INTÉRIEURE

ET

LA MARINE;

PAR C. L. DUCREST.

DE L'IMPRIMERIE DE H. L. PERRONNEAU.

A PARIS,

Chez
- COURCIER, Libraire, quai des Augustins.
- MAGIMEL, *idem.*
- FIRMIN DIDOT, rue de Thionville.
- FUCHS, rue des Mathurins.

XII. — (1803).

AU CITOYEN

MÉJEAN,

SECRÉTAIRE GÉNÉRAL DE PRÉFECTURE

DU DÉPARTEMENT DE LA SEINE.

MON CHER AMI,

LES préventions que l'envie et l'intérêt personnel ont tant multipliées contre moi depuis trois ans, n'ont pu vous atteindre. C'est à votre amitié, et à votre zèle ardent pour le bien public, que je dois l'honorable protection du Préfet de la Seine, en vertu de laquelle j'ai enfin réussi à répéter en France l'expérience de ma nouvelle construction de vaisseaux, déja faite deux fois avec succès en pays étrangers. Daignez donc, mon cher ami, recevoir la dédicace de cet ouvrage comme un foible témoignage de ma vive reconnoissance, et de mon inviolable attachement.

C. L. DUCREST.

AVANT-PROPOS

NÉCESSAIRE A LIRE.

L'OUVRAGE que je présente au public est le fruit de près de quarante années d'étude, de méditations et d'expériences. Son titre pourroit donner lieu de croire qu'il est dans le cas de n'être lu que par des géomètres : c'est une erreur qu'il est essentiel de rectifier. Il contient à la vérité de nombreuses applications des sciences exactes aux usages de la société, qui ne pouvoient être fondées que sur des bases théoriques : mais comme les résultats intéressent toutes les personnes attachées à l'administration de la chose publique, tous les capitalistes qui cherchent à placer des fonds dans des spéculations utiles, je dirai même tous les bons citoyens, tous les amis de l'humanité, j'ai eu l'attention de séparer la partie géométrique que les seuls savans sont en état de juger, de la partie purement administrative qui est à la portée de tout le monde, en faisant imprimer l'une en petits caractères, et l'autre en caractères plus gros. Les différens sujets que je traite sont d'une si haute importance, que j'ai cru devoir faire tous mes efforts pour rendre clairs et intelligibles à toutes les personnes qui n'ont même aucune connoissance des mathématiques, tous les détails qui peuvent les intéresser. Il leur suffira à cet effet de lire tout ce qui est imprimé en gros caractères, et de s'en rapporter pour le reste au jugement des savans et gens de l'art. En suivant cette marche, elles acquerront la certitude de la solidité des bases sur lesquelles je me fonde, par l'avis des juges compétens qu'elles seront à même de consulter, et elles décideront ensuite par le seul secours de leurs lumières, de l'extrême utilité des différentes opérations que je propose, et qui, je ne crains point de le dire, intéressent également tous les citoyens de l'Etat, depuis le chef du Gouvernement jusqu'au plus petit propriétaire.

Cette assurance paroîtra, sans doute, d'autant plus présomptueuse, que ce n'est pas d'une seule, mais d'un grand nombre de découvertes que cet ouvrage contient le développement. Si, en n'en annonçant qu'une, on a souvent tant de peine, quelques droits qu'on y ait, à inspirer de la confiance, à combien de préventions ne doit pas s'attendre celui qui en annonce un si grand nombre à-la-fois, sur-tout lorsque leur résultat définitif ne tend à rien moins qu'à bouleverser tous les rapports politiques qui existent entre les nations? Mais je prie d'abord d'observer à cet égard que toutes mes découvertes étant le fruit de l'étude d'une seule science, l'Hydraulique; elles sont toutes liées les unes aux autres. Ce sont les points d'une même circonférence tracée avec le même rayon autour d'un même centre. Or, qui osera assigner des limites à un esprit même médiocre, lorsqu'il est capable de méditer le même sujet avec une opiniâtre persévérance pendant quarante années consécutives? Mais d'ailleurs ce ne sont point de simples annonces, mais des *démonstrations mathématiques* que cet ouvrage contient. Examinez donc mes bases si vous êtes géomètre, ou faites les examiner si vous ne l'êtes pas; suivez ensuite par vous-même tous les détails qui conduisent à mes résultats, et mettant de côté toutes ces funestes préventions dont je suis depuis si longtems la victime, JUGEZ-MOI.

On ne doit pas s'attendre néanmoins à trouver dans cet ouvrage un détail assez circonstancié des opérations que je propose pour mettre en état, même les gens de l'art, de les exécuter immédiatement. Quatre gros volumes *in-quarto* ne m'auroient pas suffi pour atteindre ce but. Les soins qu'il faut particulièrement prendre pour obtenir l'extrême solidité de ma construction en planches, et son imperméabilité aux voies d'eau, sont si étendus, si minutieux, qu'il ne faut rien moins que la longue expérience que j'ai acquise à cet égard, pour assurer le succès complet de son exécution. Il en est de même de ma nouvelle construction des moulins, des canaux navigables, etc.

Comme ce ne sont que des *vues nouvelles* que j'expose dans cet ouvrage, mon seul objet a été de les asseoir sur des bases qui sont *incontestables*, puisqu'elles sont géométriques, et de me réserver ensuite tous les moyens d'exécution. J'exhorte donc tous les capitalistes à lire et à méditer cet écrit. Ils ne pourront manquer d'y trouver la source de plusieurs spéculations aussi lucratives que sûres, par la faculté de s'associer avec moi dans la jouissance des brevets d'invention que nos lois me donnent le droit de prendre sur chacune des découvertes que j'ai faites. Quel immense bénéfice, par exemple, ne doit pas procurer le brevet d'invention pour la construction des vaisseaux en planches que je démontre devoir marcher avec une telle supériorité qu'il sera impossible à aucuns des plus fins voiliers actuels de les atteindre? La circonstance même de la guerre ne double-t-elle pas les avantages de cette spéculation, puisqu'en se servant de mes vaisseaux, le commerce peut se faire actuellement avec autant de sûreté qu'en pleine paix? Si, en conséquence de ces observations, quelques capitalistes se déterminent à me faire des propositions, ils peuvent m'écrire, rue Bleue, n°. 6; je leur fournirai alors tous les éclaircissemens qu'ils jugeront nécessaires.

Mais quelque fondé que je sois à m'occuper du soin de retirer le juste fruit de mes travaux, on me rendroit peu de justice si l'on croyoit qu'un vil sentiment de cupidité m'a seul déterminé à la publication de cet ouvrage. Je n'ai cessé depuis trois ans de faire tous mes efforts pour parvenir jusqu'au chef suprême de notre Gouvernement, dont l'envie et la malveillance m'ont constamment écarté jusqu'à ce jour. Mon principal espoir est donc que cet ouvrage parviendra jusqu'à lui. S'il y parvient en effet, bon juge en matière de sciences (car tous les genres de gloire lui sont propres), il appréciera le mérite et l'utilité de mes travaux, et, me faisant triompher, j'en suis sûr, de tous mes ennemis, il jugera par le zèle avec lequel je lui consacrerai mes foibles talens, si le desir de concourir à l'exécution de ses grands desseins, ne l'emporte pas sur la considération de mon intérêt personnel.

VUES NOUVELLES

SUR

LES COURANS D'EAU,

LA NAVIGATION INTÉRIEURE

ET

LA MARINE.

(1) Les denrées territoriales ne peuvent fournir abondamment les moyens de subsistance à une nation nombreuse, qu'autant que trois conditions indispensables sont remplies ; il faut : 1°. que le sol, continuellement épuisé par la production, soit continuellement fertilisé ; 2°. que les denrées produites soient mises en état d'être consommées par une foule de fabrications différentes dont la plupart ne peuvent s'effectuer par le seul secours de la force immédiate des

hommes ; 3°. et qu'enfin toutes les denrées puissent être transportées facilement et économiquement par-tout où elles doivent être manufacturées ou consommées. *Fertilisation*, *fabrication* et *transport*, voilà donc les trois sources premières de la richesse des nations. Or, la nature bienfaisante fournit presque par-tout à l'industrie humaine un seul et même moyen propre à remplir efficacement ces trois conditions essentielles de la prospérité publique : c'est l'emploi bien combiné de cette multitude infinie de courans d'eau dont le sol est constamment couvert dans tous les endroits habitables.

En effet, distribués avec art sur les campagnes, ils deviennent le plus puissant de tous les engrais, soit immédiatement en procurant une humidité fécondante sans le secours de laquelle les meilleures terres deviennent stériles, soit indirectement en produisant de riches prairies qui servent à la nourriture d'innombrables troupeaux. Retenus dans leurs lits par des digues, ils s'élèvent au-dessus de leur niveau naturel, et fournissent par le poids de l'eau, et la rapidité avec laquelle elle s'écoule, une force mécanique sans cesse agissante, et qui étant très-supérieure à celle des hommes, épargne l'emploi de leurs bras, et permet d'en disposer pour d'autres usages. Enfin, d'autres digues espacées à des intervalles convenables, établissent sur toute la longueur des courans d'eau, une profondeur suffisante pour maintenir par-tout des bateaux à flot, et fournir des moyens de transport qui sont quelquefois trente ou quarante fois plus économiques que ceux pratiqués sur les routes de terre.

(2) La multitude, pour ainsi dire, innombrable de moulins à eau établis dans tous les Etats de l'Europe, ne laisse aucun doute sur l'extrême utilité de cet emploi des courans d'eau. D'un autre côté, le soin que prennent tous les gouvernemens de multiplier autant qu'ils le peuvent les canaux navigables, dispense encore d'insister sur les avantages précieux qu'ils procurent. Mais il ne paroît pas qu'on ait été autant convaincu du prodigieux degré d'amélioration que l'irrigation des campagnes est faite pour procurer à l'agriculture. Excepté la Hollande, et une partie de la Lombardie, les gouvernemens ne se sont nullement occupés, dans aucun pays, du soin de procurer aux propriétaires les moyens d'arroser leurs terres dans les tems de sécheresse, ou de faciliter l'écoulement des eaux lorsque des pluies trop abondantes rendent cette opération

nécessaire. Il n'entre pas dans le plan de cet ouvrage de démontrer par tous les développemens que comporteroit ce sujet, le précieux avantage de l'irrigation des campagnes, je me bornerai à la preuve des deux exemples que je viens de citer. Celui de la Hollande doit convaincre qu'il n'y a pas de terres, telles stériles qu'elles soient, que des irrigations bien entendues, ne puissent rendre fertiles; et celui de la Lombardie, que ces irrigations doublent et triplent le produit des terres déja fertiles par elles-mêmes. J'ai eu connoissance d'un nivellement général fait dans une multitude de directions différentes sur la partie des landes de Bordeaux comprise entre la Garonne, les petites rivières de Leyre et du Ciron, et la mer : il résulte de ce travail que tout ce pays comprenant un million d'arpens, pourroit être couvert d'autant de canaux que la Nort-Hollande, en n'entraînant que dans des dépenses très-médiocres, et tout ce vaste terrein, qui ne produit pas annuellement 20 sous par arpent, produiroit certainement plus de 50 fr. Nous avons en France de vastes plaines très-fertiles, mais très-élevées, manquant entièrement d'eau, et qui produiroient un revenu triple et quadruple si elles étoient arrosées par des canaux dérivés de lieux plus élevés qu'elles. J'en donnerai un exemple dans la suite de cet ouvrage. Ainsi, en couvrant un grand Etat, tel que la France, l'Espagne, la Hongrie, etc., d'une infinité de canaux d'arrosement, comme je démontrerai que cela seroit très-facile, les plus mauvaises terres deviendroient bonnes, et les meilleures deviendroient encore trois ou quatre fois plus productives; de sorte que la population de ces Etats pourroit se doubler et se tripler, en même tems qu'il y auroit une beaucoup plus grande aisance générale.

(3) La France comprend dans son territoire actuel à-peu-près sept mille courans d'eau, prenant leurs sources à des points plus ou moins élevés, sur lesquels il est hors de doute que si les courans d'eau n'étoient pas employés à d'autres usages, on pourroit pratiquer une foule de grands lacs artificiels assez multipliés pour produire dans tous nos départemens les mêmes effets que le lac Majeur, le lac de Côme, etc., produisent dans la Haute-Lombardie. Mais dans l'état actuel d'imperfection où se trouve l'hydraulique, deux obstacles jusqu'à présent insurmontables ne permettent pas au Gouvernement de tourner ses vues de ce côté-là.

Le premier obstacle résulte de la nécessité de

conserver pour la manufacturation cette multitude infinie de moulins de toutes natures dont sont obstrués tous les courans d'eau, aussitôt qu'ils sont assez abondans pour servir à cet usage.

Le second obstacle résulte de la nécessité où l'on se trouve de réserver tous les courans d'eau qui sont encore disponibles, pour faire des canaux navigables, afin de substituer autant qu'il est possible, le transport très-économique par eau, au transport très-dispendieux par terre. Or, dans l'état actuel des choses, tous les moulins sont construits de manière qu'à peine le volume d'eau tout entier des courans sur lesquels ils sont établis peut suffire à les faire tourner; de sorte que toute dérivation de ces courans ne pourroit favoriser l'agriculture qu'aux dépens du commerce, en portant un coup mortel à la manufacturation; et d'un autre côté, la construction des canaux navigables par les seuls procédés pratiqués aujourd'hui, exige une si grande consommation d'eau pour le service des écluses, qu'en l'ajoutant à celle nécessaire pour faire tourner les moulins, il n'en reste plus du tout de disponible pour l'irrigation des campagnes.

(4) Mais si c'est uniquement par les vices de

leur construction que les moulins et les canaux navigables consomment une quantité d'eau si considérable ; et si, en corrigeant ces vices, ils peuvent être construits de manière à produire exactement les mêmes effets, et ne consommer néanmoins, savoir, les moulins, que le quart du volume d'eau qu'ils consomment aujourd'hui, et les canaux navigables, que la quantité nécessaire pour remplacer la perte occasionnée par l'évaporation, il est évident qu'on peut alors employer à l'irrigation des campagnes la moitié *juste* de l'immense volume d'eau qui coule sur tout le territoire français, non-seulement sans diminuer le nombre des moulins, mais en le doublant ; non-seulement sans priver le commerce des canaux navigables déja existans ou projettés, mais encore en les multipliant au point de les rendre aussi communs sur tout notre territoire, malgré l'inégalité du terrein, qu'ils le sont sur le territoire plat de la Hollande. Or, l'objet de ce mémoire est de démontrer que la chose n'est pas seulement possible, *mais très-facile à exécuter*. Les moyens que j'ai à indiquer à cet effet sont extrêmement simples ; ils n'ont pas pour base ces découvertes extraordinaires qu'on a tant de peine à faire adopter même lorsqu'elles sont constatées par des expériences irrécusables : ils ne sont fondés que sur les principes les plus incontestables de l'hydraulique ; et lorsque je les aurai développés on sera surpris, sans doute, que parmi tant de savans qui ont écrit depuis un siècle sur cette science, il ne s'en soit pas trouvé un seul qui ait été conduit à des résultats si simples.

Il suffit de ce court exposé pour faire sentir la haute importance du sujet que nous traitons. Les sécheresses désastreuses qu'on éprouve depuis quelques années, le rendent d'un intérêt si majeur, que parmi les nombreuses applications des sciences exactes aux besoins de la société, il n'en existe peut-être pas une seule qui mérite autant de fixer l'attention du gouvernement. Entrons en matière.

CHAPITRE PREMIER.

De l'emploi des courans d'eau comme puissance motrice.

(5) Il faut commencer par considérer ici deux espèces de courans d'eau. Les premiers, qui sont les fleuves et les rivières, ont un volume d'eau si considérable, qu'il n'y a pas lieu en les employant comme puissance motrice, de s'occuper du soin d'économiser l'eau. Les seconds, que j'appelle proprement *courans d'eau*, ont un volume d'eau déterminé, plus ou moins considérable, mais jamais assez abondant pour qu'il ne soit pas utile de chercher à l'économiser.

(6) Lorsqu'on emploie un fleuve ou une rivière comme puissance motrice, il est extrêmement rare qu'on ait la possibilité d'en barrer le cours de manière à le faire assez remonter au-dessus de son niveau naturel pour se procurer une chûte considérable. Les moulins placés sur les rivières, ne sont mus que par l'impulsion de

leur cours, qu'ils laissent libre à droite et à gauche, afin de ne point gêner la navigation. L'effet de ces sortes de moulins est très-difficile à calculer par les principes de l'hydraulique, et il n'y a guère que l'expérience qui puisse en déterminer les effets. Heureusement qu'ils sont en trop petit nombre pour qu'on ait lieu de regretter l'insuffisance des principes à leur égard. Sur plus de vingt mille moulins à eau qu'il y a en France, il n'y en a peut-être pas cinq cents d'établis sur les rivières : tous les autres sont établis sur ce que j'ai appelé *courans d'eau*, et ce sont ceux-là dont il importe de pouvoir calculer l'effet, puisqu'aucun savant, du moins à ma connoissance, n'a cherché à le déterminer par l'expérience, car celles faites par M. Bossut ne se rapportent qu'à ceux placés sur les rivières.

(7) L'espèce de moulin que nous allons calculer s'appelle *moulins à coursiers*. Le courant d'eau est barré par une digue qui force l'eau à un surhaussement de plusieurs pieds ; à travers la digue est ménagé un pertuis par lequel l'eau s'échappe dans un coursier qui porte l'eau sur la roue de deux manières : ou elle passe tout au bas de la chûte pour peser sur des aubes verticales, et la roue est alors une *roue à aubes*;

ou elle s'écoule à son niveau supérieur, et est conduite par le coursier dans des augets qu'elle remplit successivement, et qu'elle fait tourner par son poids; la roue est alors une *roue à augets.*

Nous allons d'abord calculer la roue à aubes, et nous ferons voir ensuite que la roue à augets tourne par le même principe que la roue à aubes, et que c'est une erreur de croire que celle-ci produise moins d'effet que celle-là.

(8) Problème. AZXY *est une roue garnie d'une grande quantité d'aubes* AB. GR *est le niveau du courant, et* BE *en est le fond. Le courant d'eau est fermé hermétiquement du côté de la roue par un plan circulaire* IGH, *qui embrasse la circonférence extérieure de la roue, et ne laisse le passage à l'eau que par en bas au moyen d'une ouverture dont la hauteur* HV *est parfaitement égale à la hauteur* AB *d'une aube, et dont la largeur (qui ne peut être vue sur la figure) est égale de même à la largeur des aubes, d'où il résulte que la surface du pertuis* HV *est parfaitement égale à la surface d'une aube. La roue entraînée par le courant est supposée avoir un effet à produire, lequel retarde sa vitesse, et lui en laisse une telle, que celle qui en résulte pour l'extrémité* B *de l'aube est* u, *tandis que celle due à la chûte entière* OE *est* v. Fig. 1.

On demande quelle est la pression que le courant d'eau exerce sur la roue, lorsque le mouvement est devenu uniforme.

Solution. Nous supposerons en regardant le nombre

des aubes comme très-grand qu'il y a toujours une aube dans la situation verticale *AB*, recevant constamment la pression de l'eau dans cette situation verticale. Cela n'est pas rigoureusement vrai : mais cette supposition ne doit avoir qu'une influence à-peu-près insensible sur les résultats, parce que, dans la solution du problême, en établissant un très-grand nombre d'aubes, nous ne considérons l'action du fluide, ainsi que cela doit être, que comme une pression, et non comme une percussion.

J'appelle a, la hauteur *AB* de l'aube; l, la largeur; r, le rayon *CB* de la roue; h, la hauteur *OE* de l'eau; et p, la pesanteur spécifique de l'eau.

Je prends sur la chûte *OE* une première indéterminée *OT* que j'appelle z, dont l'extrémité *T* se trouve dans la direction horisontale d'un des points *N* de l'aube; et une seconde indéterminée *OM* que j'appelle y.

Nous allons commencer par chercher la pression de l'eau sur l'élément de l'aube dont $Nn = dz$ est la hauteur infiniment petite; dont la largeur est l, et dont par conséquent la surface est ldz.

Menons l'horisontale *NT*, et ne considérons d'abord que l'action de la colonne d'eau *OM* sur l'élément *Nn* de l'aube.

Le poids absolu de la tranche d'eau composée de toutes les molécules *Mm*, et pesant sur l'élément *Nn* de l'aube, est $pldzdy$. Si le mouvement de cette tranche n'étoit point retardé par celui de l'élément *Nn* de l'aube, la vîtesse libre de la tranche *Mm*, seroit $\frac{\sqrt{y}}{\sqrt{h}} . v$, et son mouvement libre, $\frac{\sqrt{y}}{\sqrt{h}} v \times pldzdy$. Mais puisque cette tranche ne peut s'écouler qu'avec la vîtesse de l'élément Nn de l'aube, laquelle vîtesse est $\frac{r-h+z}{r} u$, cette tranche n'a que le mouvement $\frac{r-h+z}{r} u \times pldzdy$; donc le mouvement qu'elle perd est égal à :

$$pl \frac{\frac{\sqrt{y}}{\sqrt{h}} v - \frac{r-h+z}{r} u}{\frac{\sqrt{y}}{\sqrt{h}} . v} dz\, dy.$$

Intégrant donc une première fois, en ne traitant que y et dy comme variables, et z et dz comme constantes, on trouve :

$$pl \left(y - 2 \frac{r-h+z}{r} \sqrt{hy} . \frac{u}{v} \right) dz + C$$

pour la pression sur l'élément Nn de l'aube.

Pour avoir la valeur de la constante C, il faut remarquer que la tranche qui est à la hauteur à laquelle la vîtesse $\frac{r-h+z}{r} u$ est due, et toutes les tranches supérieures à celles-là, n'exercent aucune pression sur l'élément Nn de l'aube. Or, la hauteur à laquelle la vîtesse $\frac{r-h+z}{r} . u$ est due, est $\frac{(r-h+z)^2}{r^2} . h . \frac{u^2}{v^2}$. Faisant donc dans l'intégrale $y = \frac{(r-h+z)^2}{r^2} h \frac{u^2}{v^2}$, et égalant à zéro, on trouve :

$$C = plh \frac{(r-h+z)^2}{r^2} . \frac{u^2}{v^2} . dz.$$

remettant cette valeur dans l'intégrale, et faisant ensuite $y = z$, on trouve :

$$pl\left(z - 2\frac{r-h+z}{r}\sqrt{hz}\cdot\frac{u}{v} + \frac{(r-h+z)^2}{r^2}h\cdot\frac{u^2}{v^2}\right)dz$$

pour la pression sur l'élément Nn. Intégrant donc une seconde fois, en traitant z et dz comme variables, on trouve :

$$pl\left(\tfrac{1}{2}z^2 - \frac{\tfrac{4}{5}\sqrt{h}\,.\,z^{\frac{5}{2}} + \tfrac{4}{3}\,.\,\overline{r-h}\,.\,\sqrt{h}\,.\,z^{\frac{3}{2}}}{r}\cdot\frac{u}{v} + h\,.\,\frac{\overline{r-h}^2\,.\,z + \overline{r-h}\,.\,z^2 + \tfrac{1}{3}z^3}{r^2}\cdot\frac{u^2}{v^2}\right) + C'$$

pour la pression sur l'aube, à la hauteur AN de l'aube.

Pour avoir la valeur de la constante C' de cette nouvelle intégrale, on observera qu'il n'y a plus de pression sur l'aube à la hauteur $h - a$. Faisant donc dans cette dernière intégrale $z = h - a$, et égalant à zéro, on en tirera la valeur de la constante C'. Remettant cette valeur dans l'intégrale, et faisant ensuite $z = h$, on trouve enfin

$$pal(h-\tfrac{1}{2}a)\,.\,\frac{v^2 - \dfrac{\tfrac{4}{5}(h^3 - \overline{h-a}^2\,.\sqrt{h\,.\,\overline{h-a}}) + \tfrac{4}{3}(r-h)(h^2 - \overline{h-a}\,.\sqrt{h\,.\,\overline{h-a}})}{ar\,(h - \tfrac{1}{2}a)}\,.\,vu + h\,.\,\dfrac{(r-h)(r+h-a) + h(h-a) + \tfrac{1}{3}a^2}{r^2\,(h-\tfrac{1}{2}a)}\,.\,u^2}{v^2} \quad (A)$$

pour la valeur de la pression entière de l'eau sur toute la roue. *C. Q. F. T.*

(9) Corollaire I. Si dans cette formule (A) on fait $u = 0$; c'est-à-dire, si l'on suppose que la roue est immo-

bile, la formule se réduit à $pal\ (h - \frac{1}{2}a)$, ce qui fait voir que la pression que reçoit la roue est alors égale au poids de la colonne d'eau, et c'est en effet ce que l'on savoit déja devoir être.

(10) Corollaire II. Faisons, pour abréger

$$\frac{\frac{4}{5}(h^3-(h-a)^2.\sqrt{h.\overline{h-a}})+\frac{4}{3}(r-h)(h^2-(h-a)\sqrt{h.\overline{h-a}})}{ar(h-\frac{1}{2}a)}=f, \text{ et}$$

$$h.\frac{(r-h)(r+h-a)+h(h-a)+\frac{1}{3}a^2}{r^2(h-\frac{1}{2}a)}=g;$$

La formule (A) devient

$$pal\ (h-\tfrac{1}{2}a)\ \frac{v^2-fvu+gu^2}{v^2}\ (B)$$

La vîtesse du centre d'effort de l'aube est $\frac{r-\frac{1}{2}a}{r}\,u$.

Donc l'effet produit par la roue est égal à

$$pal\ (h-\tfrac{1}{2}a)\ \frac{r-\frac{1}{2}a}{r}\times\frac{v^2u-fvu^2+gu^3}{v^2}\ .\ (C)$$

Différentions cette quantité, et égalons à zéro, nous trouverons

$$u=\frac{f\pm\sqrt{f^2-3g}}{3g}\ .\ v\ (D)$$

Pour la valeur de la vîtesse avec laquelle doit tourner l'extrémité de la roue pour produire le plus grand effet possible, lorsqu'on ne s'embarrasse pas de la dépense d'eau.

(11) La hauteur totale de l'eau la plus ordinaire dans

tous les moulins, est de 6 pieds, la hauteur et la largeur de l'aube, de $1\frac{1}{2}$ pied. Ainsi on a $h = 6$; $a = 1\frac{1}{2}$.

Substituant ces valeurs dans celles de f et de g, et substituant celles-ci dans la formule (B), on trouve pour la valeur de la pression :

$$pal\,(h - \tfrac{1}{2}a)\,\frac{v^2 - \dfrac{\overline{12,253} + \overline{(2,136)\,(r-h)}}{r}\,vu + \dfrac{(r-h)\,(\overline{1,142.r + 5,139}) + \overline{31,690}}{r^2}\,u^2}{v^2}$$

Dans cette valeur la quantité h est déja déterminée puisqu'elle est égale à 6. Faisons donc varier r, qui est le rayon de la roue, en faisant successivement $r = 9$; $r = 6$; et $r = 4\frac{1}{2}$.

On trouve pour les valeurs des pressions :

Dans le premier cas :

$$pal\,(h - \tfrac{1}{2}a)\,\frac{v^2 - \overline{1,962}.vu + \overline{0,962}.u^2}{v^2} \quad (E)$$

Dans le second cas :

$$palh\,(h - \tfrac{1}{2}a)\,\frac{v^2 - \overline{1,875}.vu + \overline{0,880}.u^2}{v^2} \quad (F)$$

Et dans le troisième cas :

$$palh\,(h - \tfrac{1}{2}a)\,\frac{v^2 - \overline{1,788}.vu + \overline{0,803}.u^2}{v^2} \quad (G)$$

Si l'on cherche les valeurs de u, qui produisent le plus grand effet, en se servant de la formule (D) (*art.* 10), on trouve,

Dans le premier cas : $u = (0,3399)\ v$;
Dans le second cas : $u = (0,356)\ v$;
Et dans le 3me. cas : $u = (0,374)\ v$.

Remettant ces valeurs de u dans les trois valeurs ci-dessus, et faisant de suite les substitutions numériques, on trouve pour le plus grand effet possible

Dans le premier cas : $(114,369)\ v$;
Dans le second cas : $(114,315)\ v$;
Et dans le 3me. cas : $(114,187)\ v$.

(12) Ceci prouve que la grandeur du diamètre de la roue à aubes, n'augmente pas sensiblement son effet, et que l'opinion contraire est une erreur.

L'usage a prévalu de faire le rayon de la roue égal à six fois à-peu-près la hauteur de l'aube. Il résulte dans la pratique beaucoup d'inconvéniens de ce grand diamètre de la roue, savoir, plus de pesanteur; plus de difficulté d'empêcher le frottement de la roue contre le coursier; et un engrenage beaucoup trop grand et d'une plus difficile exécution pour la communication de la vîtesse motrice à celle dont on a besoin dans l'effet final qu'on veut produire. On remédiera à ces inconvéniens en faisant le diamètre de la roue deux fois plus petit, c'est-à-dire, en ne donnant à son rayon que trois fois la hauteur de l'aube, au lieu de lui donner six fois cette hauteur, comme on est dans l'usage de le faire.

Mais en suivant ces proportions, il est essentiel de ne pas perdre de vue que le très-grand nombre d'aubes est le principal élément du grand effet à faire produire à la roue. Or, voici comment on peut l'obtenir.

C'est assez de 64 aubes pour être assuré qu'aucune particule de l'eau ne s'échappera sensiblement par le pertuis sans produire son effet sur la roue. Mais l'aube n'ayant pour hauteur que le tiers du rayon de la roue, il arriveroit, si toutes avoient cette hauteur, qu'elles se resserreroient trop près les unes des autres : pour éviter cet inconvénient, on ne donnera ladite hauteur égale au tiers du rayon de la roue, qu'à 16 aubes ; 16 autres aubes n'auront que les deux tiers de cette hauteur, et 32 aubes le tiers seulement. Ainsi, en conservant aux aubes la hauteur de 18 pouces qu'on est dans l'usage de leur donner, la roue à aubes n'aura que 9 pieds de diamètre, et sur les 64 aubes, il y en aura 16 dont la hauteur sera de 18 pouces ; 16 dont elle sera de 12 pouces, et 32 dont elle sera de 6 pouces.

En suivant ces proportions pour les roues de moulins, il se trouve, lorsque la chûte est de 6 pieds, comme elle l'est ordinairement, que le centre de la roue est plus bas que le niveau de l'eau; mais cela est absolument indifférent lorsque le coursier est bien construit. L'inspection de la figure 2 rendra tout ceci suffisamment clair.

(13) La vîtesse la plus ordinaire de tous les moulins que j'ai observés, prise à l'extrémité de la roue, est ordinairement égale à la moitié de la vîtesse libre due à la chûte. Cette vîtesse est trop considérable, lorsqu'on ne s'embarrasse pas de la dépense de l'eau, et qu'on n'est occupé que du soin de procurer le plus grand effet possible. Si l'on substitue cette vîtesse $u = \frac{1}{2} v$ dans les formules des articles 10 et 11, on trouve que cette vîtesse produit un effet final égal à (98,308) v. Cet effet est plus petit dans le rapport de 98308 à 114366 (*art.* 11), ou de 85 à 100, que celui qu'on obtiendroit en ne faisant tourner l'extrémité de la roue qu'avec une vîtesse égale à (0,34) v.

(14) Nous ne nous sommes occupés jusqu'à présent que du soin de faire produire à la roue le plus grand effet possible, sans nous embarrasser du soin d'économiser l'eau; cherchons à présent le plus grand effet qu'on peut produire, en économisant, autant que possible, l'eau.

Si les roues des moulins, telles qu'elles existent aujourd'hui, étoient parfaitement bien construites sous leurs dimensions actuelles; c'est-à-dire, si elles avoient 64 aubes, et qu'elles fussent, en outre, calibrées assez justes sur le coursier pour ne point laisser échapper du tout d'eau entre elles et le coursier, il est évident, en négligeant l'épaisseur des aubes, que la dépense d'eau de la roue seroit égale au produit de la surface d'une aube par la vitesse de son centre d'effort ; c'est-à-dire, à.........

$al \times \frac{r - \frac{1}{2}a}{r} . u = \overline{1,031} . v$, puisqu'on a dans les moulins ordinaires $a = l = 1\frac{1}{2}$; $r = 9$, et $u = \frac{1}{2} v$.

Mais il s'en faut bien que dans les moulins les mieux construits la roue soit calibrée juste sur le coursier. Les roues à aubes sont, au contraire, si grossièrement construites, qu'on est obligé de laisser un grand intervalle entre la roue et le coursier pour ne pas l'exposer à être brisée en touchant les parois du coursier. Il résulte de là qu'il n'y a pas un seul moulin où il n'y ait beaucoup plus de deux pouces de jeu latéralement et par-dessous. Ne comptons néanmoins que deux pouces. La dépense d'eau par chaque ouverture latérale sera égale à $1\frac{1}{2} \times \frac{1}{6} \times \sqrt{\frac{5\frac{1}{1}}{6}} . v = 0,233 . v$, et la dépense de deux ouvertures latérales à-la-fois est de $(0,466)\ v$. La dépense d'eau par l'ouverture au-dessous de la roue est égale à-peu-près à $1\frac{1}{2} \times \frac{1}{6} \times v = (0,166)\ v$. La dépense totale de l'eau dans les moulins les mieux construits, est donc aujourd'hui de $(1,663)\ v$ pieds cubes.

(15) En donnant un soin particulier à la construction de la roue, et en suivant des procédés que j'indiquerai à cet égard, mais qu'il n'entre pas dans le plan de cet ouvrage de développer ici (1), je suis assuré, sur-tout en diminuant

(1) Ces procédés consistent à construire la roue en fer, et à couvrir du même métal les parois intérieures du pertuis, en revêtissant tout le fer employé d'un vernis très-simple, et assez tenace pour que l'eau ne puisse jamais l'entamer, ni par la force de son impulsion, ni par l'effet de l'humidité permanente. J'ex-

de moitié le diamètre de la roue, de ne pas laisser plus d'une ligne de jeu entre la roue et le coursier. La dépense d'eau de cette roue par les deux ouvertures latérales, et entre elles et le radier, ne seroit que la vingt-quatrième partie de celle que vous venez de calculer; c'est-à-dire, ne seroit pour les deux objets que de (0,026) . v.

Supposons à présent que cette roue tournant très-lentement ait une surface d'aubes en raison inverse de la vîtesse; c'est-à-dire, que tournant, par exemple, vingt fois plus lentement, ses aubes aient vingt fois plus de surface. Il est évident que les dépenses d'eau seront égales. La vîtesse de l'extrémité de la roue des moulins qui ont 6 pieds de chûte, est égale à-peu-près à la moitié de la vîtesse libre. La vîtesse d'une roue vingt fois plus large, et ayant par conséquent trente pieds carrés de surface, seroit donc égale à $\frac{1}{40}$ v; c'est-à-dire, d'un demi-pied par seconde à-peu-près, et cette grande roue tournant si lentement ne

---

pliquerai la composition de ce vernis lorsqu'il en sera tems. Je me borne, quant à présent, à assurer que des expériences décisives ont déja confirmé la vérité de tout ce que j'avance.

On m'objectera peut-être que de semblables constructions seront très-chères. Je réponds à cela que non, lorsqu'un nombre de constructions considérable pourra indemniser des frais des dépenses premières. D'ailleurs l'augmentation du double dans le produit des moulins indemnisera suffisamment les propriétaires d'une augmentation d'un quart au plus dans la dépense première de la construction; et si les propriétaires s'y refusoient, malgré leur intérêt bien entendu, j'espère démontrer bientôt que les innovations que je vais proposer sont trop essentiellement liées à la prospérité publique pour qu'il ne soit pas, en quelque sorte, du devoir du Gouvernement d'intervenir à l'avenir dans cette nature de construction.

dépenseroit que le même volume d'eau de la roue qui tourne avec la vîtesse $\frac{1}{2}$ v, et dont les aubes n'ont qu'un pied et demi de surface, volume d'eau que nous avons vu égal à (1,031) v. La dépense d'eau totale de la grande roue seroit donc de (1,057) v. La dépense de la petite roue, dans l'état actuel d'imperfection de sa construction, est de (1,663) v. L'économie d'eau, que le seul perfectionnement de la roue dans sa construction produiroit, seroit donc d'une $\frac{1057}{1663}$e. partie, c'est-à-dire, de près de deux cinquièmes. Mais cette économie, quelque considérable qu'elle soit, est encore peu de chose relativement à la supériorité de l'effet de la grande roue, sur celui de la petite. C'est ce que nous allons prouver.

(16) La formule (E) de l'article 11 est la valeur de la pression de l'eau dans les moulins où la roue est dans les proportions actuelles. Faisant donc dans cette formule $a = l = 1\frac{1}{2}$, $p = 70$, et $h = 6$, elle devient

$$(826,875)\,\frac{v^2 - \overline{1,962}\,.\,vu + \overline{0,962}\,.\,u^2}{v^2} \quad (H)$$

Comme dans les moulins actuels, l'extrémité de la roue à aubes prend à-peu-près la moitié de la vîtesse due à la chûte, on a $u = \frac{1}{2}\,v$. Substituant on trouve que la pression est de (216,227) livres. Multipliant cette pression par la vîtesse du centre d'effort qui est $\frac{r - \frac{1}{2}a}{r} \times \frac{1}{2}\,v = (0,458)\,v$, on trouve (99,031) v pour l'effet que produisent les moulins actuels.

Prenons à présent la formule (G) du même article 11, qui est la valeur de la pression lorsque le diamètre de la roue n'est que de 9 pieds, au lieu d'être de 18 pieds ; et faisons $p = 70$; $a = 1\frac{1}{2}$; $l = 30$; $h = 6$. Elle devient

$$(16487,5) \cdot \frac{v^2 - \overline{1,788} \cdot vu + \overline{0,803} \cdot u^2}{v^2}.$$

Comme cette roue ne doit tourner qu'avec une vîtesse égale à la quarantième partie de la vîtesse due à la chûte (vîtesse qui est un peu moins d'un demi-pied par seconde) faisons $u = \frac{1}{40} v$, on trouve que la pression est de (15758,752) livres. Multipliant cette pression par la vîtesse $\frac{1}{40} v$, on trouve enfin (393,968) v pour l'effet de notre roue.

(17) On voit par ces calculs qu'en faisant abstraction de la perte d'eau aux deux côtés et en dessous de la roue, de deux roues, l'une construite dans les proportions ordinaires avec 64 aubes, et dont l'extrémité prend la moitié de la vîtesse due à la chûte, et l'autre vingt fois plus large, ayant le même nombre d'aubes, un diamètre deux fois plus petit, et tournant vingt fois plus lentement, on voit, dis-je : 1°. que les dépenses d'eau des deux roues seroient égales ; 2°. que l'effet de celle qui étant vingt fois plus large, tourne vingt fois plus lentement, est à l'effet de celle qui est vingt fois plus étroite, et tourne vingt fois plus vîte, comme (393,968) est à 99,031 ; c'est-à-dire, que cet effet est à très-peu près quadruple. Il y a donc un très-

grand avantage à augmenter considérablement la largeur des aubes, en diminuant dans la même proportion leur vitesse de rotation. Il en résultera un effet incomparablement plus grand, sans aucune augmentation dans les dépenses de l'eau.

(18) Si au lieu de donner à la roue 30 pieds de largeur, on ne lui en donne que 15, son effet sera double de la roue ordinaire. La dépense d'eau de la roue ordinaire est de $19\frac{1}{2}$ pieds cubes d'eau par seconde (1); la dépense d'eau de notre roue ne sera donc que de $9\frac{3}{4}$ pieds cubes par seconde.

Mais ce calcul suppose que la roue ordinaire est parfaitement bien construite dans ses proportions; qu'elle a un nombre d'aubes suffisant; qu'elle est calibrée très-juste sur le coursier, et il s'en faut bien que tout cela ait lieu.

---

(1) La dépense d'eau (*art.* 14) est (1,031) v. La chûte étant 6 pieds, on a à très-peu près $v = 19$. Ainsi (1,031) $v = 19\frac{1}{2}$.

La dépense d'un pied cube d'eau par seconde équivaut à 150 pouces d'eau, mesure des fontainiers. M. Gauthey, dans un mémoire sur la rivière d'Ourcq, qui vient de paroître, n'estime qu'à 1000 pouces le volume d'eau nécessaire pour faire tourner un moulin ordinaire à farine. Son estimation est beaucoup trop forte, s'il parle d'un moulin construit suivant mes principes; car en se bornant à une largeur de $7\frac{1}{2}$ pieds, la *dépense* d'eau ne seroit que de 4,875 pieds par seconde, équivalant à 731 pouces

D'abord aucune roue actuelle n'a assez d'aubes, de sorte que d'une part, elle fait moins d'effet, et de l'autre dépense plus d'eau; ensuite toutes ces roues grossièrement construites laissent échapper entre elles et leurs coursiers, un volume d'eau énorme, qui seroit réduit au vingt-quatrième au plus, si la roue étoit bien construite.

En ne supposant, comme nous l'avons fait, que deux pouces de jeu entre la roue et le coursier (et il y en a presque toujours beaucoup davantage), la perte d'eau des roues ordinaires est de 14 pieds cubes d'eau par seconde; ce qui, ajouté à la dépense propre de la roue, donne une dépense totale de 33 $\frac{1}{2}$ pieds cubes d'eau. La même perte d'eau dans une roue bien construite, ne seroit pas de plus de $\frac{5}{4}$ pieds cubes par seconde, ce qui, ajouté à la dépense propre

---

d'eau. Mais s'il parle des moulins tels qu'ils sont construits, son estimation est beaucoup trop foible; car en tenant compte de la perte d'eau à la roue même, sans parler de celle par les décharges ou déversoirs, je n'ai pas vu un seul moulin à eau qui ne dépensât environ trois mille pouces d'eau. Il y a cependant un moyen de nous accorder M. Gauthey et moi : c'est de supposer que dans l'état actuel d'imperfection des moulins, lorsque le courant ne fournit que mille pouces d'eau, le moulin ne tourne que 8 heures sur les 24, et qu'au moyen des retenues, l'eau qui a perdu de sa hauteur pendant 8 heures de travail, la recouvre pendant les 16 heures de chômage.

de notre roue, ne donne qu'une dépense totale de 10 $\frac{1}{2}$ pieds cubes par seconde, laquelle n'est pas le tiers de la dépense d'une roue ordinaire. Concluons enfin.

(19) Les roues des moulins ordinaires ont 18 pieds de diamètre. Leurs aubes ont 1 $\frac{1}{2}$ pied de hauteur, sur 1 $\frac{1}{2}$ pied de largeur. Leur circonférence extérieure tourne avec une vîtesse d'environ 9 $\frac{1}{2}$ pieds par seconde. Le jeu entre la roue et le coursier n'est jamais moins de 2 pouces, et souvent beaucoup davantage.

En changeant toutes ces proportions et la vîtesse; en ne donnant à la roue que 9 pieds de diamètre; en lui donnant 64 aubes, disposées pour leurs différentes hauteurs, de la manière expliquée à l'article 12; en conservant aux aubes leur même hauteur actuelle de 1 $\frac{1}{2}$ pied, mais en leur donnant 15 pieds de largeur; en distribuant les bras de levier de manière qu'une vîtesse très-petite de la roue, de 6 pouces au plus par seconde, produise une vîtesse finale égale à celle dont on a besoin pour l'effet qu'on veut procurer; enfin en prenant de justes mesures pour que la roue soit construite de manière à ne pas avoir plus d'une ligne de jeu entre la roue et le coursier (et, encore une fois, je réponds de remplir parfaitement cette condition), *on aura des moulins qui produiront un effet double* (1), *en ne dépensant pour produire leur effet actuel que le tiers du volume d'eau qu'ils dépensent aujourd'hui ; de sorte que les deux tiers restant pourront être employés à la navigation, ou à l'irrigation des campagnes, non-seulement sans nuire aux moulins et usines, de quelque nature qu'ils soient, mais en doublant l'effet qu'ils produisent.*

(20) Les mécaniciens éclairés ne présenteront pas, sans doute, comme une objection, le frottement qui résultera d'une roue beaucoup plus pesante. En effet, comme la pression sur notre roue est 36 fois plus considérable que celle sur la roue ordinaire, et que cependant elle tourne 20 fois plus lentement, on voit qu'elle auroit plus de facilité à vaincre le frottement qu'elle occasionne, quand bien même elle seroit 30 fois plus pesante. Mais il s'en faudra de beaucoup qu'elle atteigne une telle pesanteur, et j'ose répondre que, quoique construite en fer, elle n'aura pas, à raison des procédés que j'emploirai, plus de 2 ou 3 fois la pesanteur d'une roue ordinaire.

---

(1) C'est-à-dire, que si c'est un moulin à bled, il fera tourner deux meules au lieu d'une; un moulin à planches, il fera marcher 20 scies au lieu de 10 ; une usine à forge, elle fera travailler avec la même vitesse, ou un martinet d'un poids double, ou deux martinets du même poids, etc.

Une objection plus fondée est la difficulté de calibrer assez juste la roue sur le coursier et le radier, pour ne pas lui laisser plus d'une ligne de jeu. Je répète à cet égard que l'objet de ce mémoire n'est pas d'exposer en détail les procédés que j'ai conçus pour y parvenir : il n'appartient d'ailleurs qu'à l'expérience de confirmer leur efficacité. Qu'on me mette à même d'en faire une, et je réponds d'atteindre complettement ce point essentiel de la construction des moulins.

(21) On sent que la puissance motrice agissant avec une vîtesse beaucoup plus petite, quoique produisant un effet beaucoup plus grand, ne peut pas communiquer cet effet avec les mêmes bras de lévier, et qu'en conséquence tout le mécanisme intérieur doit être changé, pour obtenir les mêmes vîtesses finales qui sont nécessaires à l'effet qu'on est dans l'intention de produire. Mais ce changement dans les bras de lévier est étranger à l'objet de cet ouvrage, et ne présentera aucunes difficultés pour peu qu'on soit versé dans les loix de la mécanique.

(22) Il résulte de tous les développemens de ce chapitre, que le perfectionnement des moulins à eau tient à bien peu de chose, puisqu'il ne consiste que dans des changemens de proportions à faire à la roue. Il est d'autant plus extraordinaire qu'on n'ait point encore connu

ces justes proportions, qu'on auroit dû les trouver par induction à la seule inspection d'un grand nombre d'autres moulins d'une nature différente. Ce sont les moulins *à augets*, que l'on construit dans le cas où le volume d'eau est peu considérable, et la chûte ordinairement beaucoup plus grande. On prend alors l'eau par en haut, au lieu de la prendre par en bas; on fait la roue extrêmement large; on la fait tourner très-lentement, et on lui donne 2 ou 3 fois plus d'augets, qu'on ne donne d'aubes aux roues prises par en bas. Cette construction rentre, comme on voit, dans celle prescrite par ma théorie, et la roue à augets ainsi construite, procure un grand effet avec un petit volume d'eau, tandis que si ce même volume frappoit les aubes d'une roue construite dans les proportions ordinaires, il ne produiroit pas un effet suffisant. Mais si les moulins à augets produisent plus d'effet que ceux à aubes, ce n'est pas, comme on le croit assez généralement, parce qu'ils prennent l'eau par en haut, c'est uniquement parce qu'ils sont beaucoup plus larges, qu'ils tournent beaucoup plus lentement, et que le nombre des augets est très-considérable. Bien loin que la roue à augets soit plus avantageuse que la roue à aubes bien construite, elle produit, au contraire, beaucoup moins d'effet, parce que l'eau quitte les augets à la hauteur du rayon de la roue, de sorte qu'elle ne pèse que sur la moitié de la chûte, tandis que dans la roue à aubes, elle pèse sur la chûte entière. Construisez une roue à aubes sur les mêmes proportions que la roue à augets; donnez-lui la même largeur, et un grand nombre d'aubes; faites la tourner lentement; empêchez enfin que l'eau s'écoule en pure perte, et vous verrez que le même volume d'eau lui fera produire un effet double.

CHAPITRE II.

Des autres puissances motrices à l'usage de la fabrication.

(23) QUOIQUE l'effet produit par les courans d'eau soit beaucoup plus considérable que celui que peut produire la force des chevaux et des hommes, et quoique sur-tout il soit beaucoup plus économique, il y a cependant un grand nombre de circonstances où, ayant même un grand effet à produire, on est dans le cas de préférer la force des chevaux et des hommes à celle des courans. Il seroit donc essentiel de bien connoître cette force, c'est-à-dire, la pression constante que les hommes et les chevaux peuvent opérer sous une vîtesse uniforme et constante, en travaillant pendant une durée de tems finie; celle, par exemple, de huit heures par jour. On a donc ici trois élémens à considérer, la pression, la vîtesse et le tems, à quoi il faut ajouter un quatrième élément très-essentiel, celui de la manière dont la force est employée.

Il n'y en a qu'une pour les chevaux, c'est de tirer horisontalement. Mais quant aux hommes, leur force peut être employée de bien des manières, en tirant à la cordelle en ligne droite, en poussant horisontalement suivant une ligne circulaire par le moyen du cabestan, en tournant une manivelle, etc.

Il y a plusieurs cas où l'on n'est pas le maître de choisir la manière la plus avantageuse d'employer les hommes : mais il est essentiel d'observer que toutes les fois qu'on le peut, il y a nécessairement à force et à vîtesse égales une manière où l'homme se fatigue moins, et où il peut par conséquent travailler plus longtems, c'est celle où le mouvement qu'il se donne est plus analogue à ses mouvemens habituels.

(24) Les hommes employés sur les vaisseaux au travail des pompes, agissent à l'extrémité d'un lévier horisontal, en employant de bas en haut, et de haut en bas, la force des muscles des bras et celle des reins par un mouvement qui, n'ayant aucun rapport à leurs habitudes naturelles, les fatigue extrêmement; et la preuve en est qu'ils ne résisteroient pas une demi-heure à ce mouvement, quand même il seroit fait à vide, c'est-à-dire, sans produire aucune force,

tandis qu'ils tourneroient facilement plusieurs heures de suite un cabestan qui n'exigeroit aucun effort, parce que le mouvement qu'ils feroient alors est analogue à un mouvement qu'ils se donnent sans cesse, celui de marcher.

Le travail des pompes des vaisseaux, tel qu'il se fait actuellement, ne peut pas occuper les hommes sans une extrême fatigue, plus de quatre heures de travail sur les vingt-quatre. Si le mécanisme étoit différent, et s'il étoit combiné (ainsi qu'il seroit très-facile de le faire) de manière que les pompes fussent mises en mouvement par le cabestan du vaisseau, les hommes, en produisant le même effet, pourroient travailler huit heures par jour, et même douze dans les cas pressans. On voit donc qu'un équipage marchand, qui excède rarement le nombre de vingt hommes, n'a, à raison de quatre heures de travail par chaque homme, que quatre-vingts heures de travail dans la durée des vingt-quatre heures révolues, tandis qu'il en auroit le triple ou deux cent quarante, si l'on employoit le cabestan au lieu des bringuebales pour mouvoir les pompes.

(25) Puisque j'en suis à parler des voies d'eau des vaisseaux, je crois devoir exposer ici une

idée que j'ai communiquée autrefois au célèbre géomètre Borda, et qu'il jugea devoir être d'une utile application. Elle consiste à faire du roulis du vaisseau la puissance motrice destinée à imprimer le mouvement des pompes, par le moyen d'une lentille très-pesante, du poids, par exemple, de deux milliers, qui oscilleroit suspendue à une verge de fer, autour du centre d'oscillation des mouvemens du roulis.

M. Bouguer a observé que sur les navires actuels la durée des oscillations du roulis peut être estimée, en terme moyen, à 5 secondes. L'angle total d'oscillation peut être estimé à 60 degrés, 30 degrés de chaque côté. Si donc le pendule avoit 10 pieds de longueur, son centre de gravité parcourroit, en 5 secondes, un arc dont la longueur développée est à-peu-près de $10\frac{1}{2}$ pieds. La vîtesse du pendule seroit donc de $2\frac{1}{10}$ pieds par seconde. Ainsi, le poids de la lentille étant de deux milliers, l'effet de cette machine seroit égal à $2000 \times 2\frac{1}{10} = 4200$. On ne doit pas estimer à plus de 50 livres l'effort d'un homme agissant avec 3 pieds de vîtesse par seconde, et par conséquent à plus de 150 l'effet qu'il peut produire. Divisant donc 4200 par 150, on voit que la machine proposée produiroit autant d'effet que 28 hommes travaillant sans relâche, et correspondroit ainsi au travail d'un équipage de 130 hommes.

Combien donc ce moyen, si l'expérience en confirme la bonté, ne seroit-il pas précieux pour les navires marchands qui ont si peu de monde à employer aux pompes, sur-tout dans les gros tems où l'on est forcé d'en garder pour la manœuvre, et où précisément les mouvemens de roulis sont plus violens. Je reviens à mon sujet.

(26) Je ne connois aucune expérience bien faite sur la force des hommes et des chevaux. Le docteur Désaguillers en a fait sur la force des hommes : mais d'abord il ne les a employés qu'à tourner des manivelles, genre de travail trop peu analogue à leurs habitudes naturelles, et ensuite, les expériences n'ont pas eu la durée qu'elles auroient dû avoir de soixante ou quatre-vingts jours consécutifs, afin de s'assurer si l'homme qui a résisté à un travail de quelques heures pendant quelques jours seulement, auroit soutenu ce travail à la longue. Car, je le répète, la durée possible du travail est un des élémens constitutifs de l'effet que la force des hommes peut produire. Il paroît résulter des expériences que je cite ici, que l'homme qui travaille huit heures par jour, est capable d'un effort de 30 livres en agissant avec une vîtesse de 3 pieds par seconde. Tous les mécaniciens se sont tenus jusqu'à présent à cette estimation. Mais comme elle est fondée sur l'expérience d'un genre de travail peu analogue aux habitudes naturelles du corps hu-

main, et que l'effort d'un homme qui pousse au cabestan est sûrement plus considérable que l'effort de celui qui tourne une manivelle, j'estimerai dans le cours de cet ouvrage à 50 livres, l'effort d'un homme qui tire à la cordelle ou pousse au cabestan, en agissant avec une vîtesse de 3 pieds par seconde, et en attendant que l'expérience donne une mesure plus exacte, je ne crois pas, en raison d'observations qu'il seroit trop long de développer ici, que je m'écarte beaucoup de la vérité à cet égard.

(27) Je ne sais sur quelles observations les mécaniciens se fondent pour estimer la force des chevaux à sept fois celle des hommes. Si cette base étoit juste, je devrois estimer l'effort d'un cheval à 350 livres, à la vîtesse de 3 pieds par seconde, ce qui donne un effet égal à 1050. Mais comme la vîtesse me paroît trop petite, je réduirai l'effort à 250 livres, et j'estimerai la vîtesse à 4 pieds par seconde, ce qui me donnera un effet égal à 1000.

(28) Tout ce que nous venons de dire prouve la nécessité de bonnes expériences pour apprendre à connoître d'une manière exacte l'effet que les hommes et les chevaux peuvent produire comme puissance motrice, par un travail habituel de 8 à 10 heures par jour. Voici celles que je propose à cet effet.

On construira sur un courant d'eau suffisamment abondant, une roue à aubes, suivant les principes développés dans le chapitre Ier., dont le diamètre extérieur sera de

3 pieds, et dont les aubes auront un demi-pied de hauteur sur 2 pieds de large. On se procurera une chûte de 6 pieds justes.

Cette roue à aubes, que j'appelle *roue motrice*, mettra en mouvement une autre roue à aubes, que j'appelle *roue mesurante*, laquelle ne sera point enveloppée dans un coursier; mais toutes ses aubes de même dimension et en même nombre que celles de la roue motrice, tremperont dans une pièce d'eau stagnante placée à côté du coursier de la roue motrice.

Cet appareil étant établi, on mettra la roue motrice en mouvement, en ne laissant tremper que de 3 lignes les aubes de la roue mesurante. Le mouvement étant devenu uniforme, soit f la pression sur les aubes de la roue mouvante, u sa vîtesse, et v la vîtesse de la roue mesurante. fu sera l'effet produit par la roue motrice; et comme cet effet n'est autre que de vaincre la résistance que les aubes de la roue mesurante trempées de 3 lignes, opposent au mouvement de rotation de cette roue, il est évident que fu est la valeur de l'effet produit par toute autre puissance que la roue motrice, par exemple, par des hommes ou des chevaux, s'ils étoient employés à faire tourner la roue mesurante avec la même vîtesse v que la fait tourner la roue motrice.

Cette première expérience faite, on la répétera, en enfonçant successivement de 3 lignes de plus à chaque nouvelle expérience, les aubes de la roue mesurante. On conçoit qu'à chaque fois qu'on les enfoncera davantage, la roue mesurante opposera plus de résistance à sa rotation, et par conséquent les effets fu de la roue mouvante seront plus grands. On tiendra donc un registre exact de tous ces effets, et l'on en formera une table en deux colonnes, dont la première colonne contiendra tous les effets de la roue mouvante, et la seconde colonne toutes les vîtesses de la roue mesurante.

Cela bien entendu, on comprendra facilement comment la roue mesurante pourra servir à connoître au juste l'effet que peut produire telle force motrice que ce soit.

Veut-on savoir, par exemple, si l'homme qui pousse au cabestan est capable en effet d'un effort constant de 50 livres en agissant avec une vîtesse de 3 pieds par seconde ; c'est-à-dire, de produire un effet égal à 150. On cherchera dans la table quelle est la vîtesse de la roue mesurante qui correspond à l'effet 600, qui est celui produit par 4 hommes travaillant à-la-fois. Cette vîtesse trouvée, on fera tourner la roue mesurante par 4 hommes, en combinant les bras de lévier de manière que lorsque les hommes tournent au cabestan avec une vîtesse de 3 pieds par seconde, la roue mesurante tourne avec une vîtesse égale à celle trouvée dans la table. Si en travaillant ainsi tous les jours 8 heures par jour, pendant un tems considérable, un mois, par exemple, on observe que les hommes fassent un emploi raisonnable de leurs forces sans trop se fatiguer, on en concluera qu'en effet 150 est la juste mesure de l'effet qu'un homme peut produire en travaillant habituellement 8 heures par jour.

Si on trouve l'effet trop fort, on recommencera l'expérience combinée sur un effet plus petit choisi dans la table ; et *vice versâ* si le premier effet qu'on aura d'abord essayé est trouvé trop foible.

Ce que je viens de dire de la force des hommes, s'applique à la force des chevaux, à celle du vent, et de toute autre puissance motrice quelconque. Je n'entrerai point ici dans de plus longs détails à cet égard : on sent que ce n'est qu'en faisant les expériences qu'on peut les développer convenablement. Mais en voilà assez pour faire sentir la haute utilité de celles que je propose.

(29) Quoique nous ayons donné dans le chapitre Ier. les formules nécessaires pour calculer tous les efforts de la roue à aubes à toutes les vîtesses qu'elle peut prendre, il ne faut pas s'attendre que dans les expériences qui seront faites les résultats soient parfaitement conformes à ceux du calcul, 1°. parce qu'il est impossible de multiplier assez le nombre des aubes pour que la pression s'exerce toujours sur toute la hauteur du pertuis; 2°. parce que quelques soins qu'on prenne dans les détails de l'exécution pour diminuer les résistances étrangères, il y en aura toujours qui diminueront l'effet propre de la machine. La différence entre les résultats théoriques et ceux de l'expérience seront sans doute très-peu considérables; mais néanmoins il est bon de les connoître avec une extrême précision, et voici les expériences que je propose à cet effet.

Les dimensions de notre roue mouvante de l'article 28 nous donnent à l'égard de la formule (*B*) de l'article 10, $p = 70$; $a = \frac{1}{2}$; $l = 2$; et $r = 3$; nous avons toujours

$h = 6$; substituant donc dans la formule (B), elle prend cette forme :

$$\overline{402,5} \cdot \frac{v^2 - \overline{1,873} \cdot vu + \overline{0,879} \cdot u^2}{v^2}$$

quantité qui est l'expression de la pression sur la roue à aubes, lorsqu'elle tourne avec la vîtesse u. Appelons donc P cette pression ; on a l'équation :

$$\overline{402,5} \cdot \frac{v^2 - \overline{1,873} \cdot vu + \overline{0,879} \cdot u^2}{v^2} = P.$$

d'où l'on tire :

$$u = \left\{ \overline{1,0654} \pm \sqrt{\overline{1,135077} - \frac{\overline{402,5} - P}{\overline{353,797}}} \right\} v$$

dans cette valeur de u, $\overline{402,5}$ est le poids de la colonne d'eau qui pèse sur la roue lorsqu'elle est immobile; c'est-à-dire, lorsque $u = 0$. Donnons donc à P différentes valeurs, toutes plus petites que $\overline{402,5}$, et pour suivre une marche uniforme, diminuons successivement le poids 402 $\frac{1}{2}$ livres, d'une vingtième partie; c'est-à-dire, faisons successivement $P = (382,375) = (362,250) = (342,125)$, etc.; la seconde colonne de la table I ci-dessous fait connoître quelles sont les différentes vîtesses avec laquelle la roue doit tourner pour éprouver ces différentes pressions.

Multipliant toutes les pressions par leurs vîtesses respectives, on aura les effets que la roue à aubes est capable de produire, en tournant avec lesdites vîtesses. Tous ces effets donnés par la seule théorie sont inscrits dans la troisième colonne de la table.

TABLE

Des effets produits par une roue à aubes, dont les dimensions sont ci-contre, calculés par la théorie, et déterminés par l'expérience.

POIDS ENLEVÉS.	VITESSES calculées par LA THÉORIE.	EFFETS calculés par LA THÉORIE.	VITESSES déterminées par L'EXPÉRIENCE.	EFFETS déterminés par L'EXPÉRIENCE.	PROPORTIONS DE LA ROUE.
Liv.	Pi. par second.				
382,375	0,515	196,923			Hauteur de la chute d'eau...... 6 pieds.
362,250	1,050	380,362			Diamètre extérieur de la roue... 3 pieds.
342,125	1,584	541,926			Hauteur du pertuis du coursier... 6 pouces.
322,000	2,157	694,554			Largeur du pertuis........... 2 pieds.
301,875	2,730	824,117			64 aubes desquelles il y en aura
281,750	3,341	941,326			16 ayant 6 pouces.... } de hauteur.
261,625	3,952	1013,942			16 ayant 4 pouces.... } de hauteur.
241,500	4,601	1111,141			32 ayant 2 pouces.... } de hauteur.
221,375	5,270	1166,644			La largeur de toutes les aubes sera comme
201,250	5,976	1202,670			celle du pertuis, de 2 pieds.
181,125	6,721	1217,341			
161,000	7,504	1208,144			
140,875	8,325	1172,783			
120,750	9,222	1113,556			
100,625	10,196	1025,971			
80,500	11,285	908,442			
60,375	12,526	756,256			
40,250	12,977	562,574			
20,125	16,887	339,851			

Voici à présent un moyen très-simple de vérifier avec la plus grande précision tous ces effets. Il consiste à faire enlever successivement par la roue à aubes des poids de (382,375), (362,250), (342,125) livres, etc. à laisser le mouvement parvenir à l'uniformité; à mesurer, lorsqu'il y est parvenu, les vîtesses du centre d'effort des aubes; et à multiplier ces vitesses par leurs poids respectifs. Tous ces produits seront évidemment les effets réels produits par la roue à aubes, y compris toutes les résistances étrangères que nous n'avons pu faire entrer dans le calcul, et ce sera de ces effets dont il faudra se servir dans toutes les expériences qu'on fera.

(Voyez le tableau ci-joint).

(30) Le vent est une puissance motrice qu'on n'emploie guère en France que pour les moulins à moudre les grains, et qui pourroit cependant être employée avec beaucoup d'avantages à presque tous les genres de fabrication. Cette puissance motrice a à la vérité l'inconvénient de la grande irrégularité de son mouvement; mais cet inconvénient peut être corrigé au degré convenable pour un grand nombre de fabrications, par un bon régulateur. D'ailleurs le vent est une des puissances motrices les plus propres à un usage dont un des objets de cet ouvrage est de développer l'importance, l'irrigation des campagnes. Il seroit donc très-utile de connoître

d'abord la meilleure construction des moulins à vent que nous construisons en France d'une manière si imparfaite, et ensuite l'effet exact que le vent peut produire comme puissance motrice. Or, c'est ce qu'il sera facile de déterminer par le moyen de notre *roue mesurante*.

CHAPITRE III.

De l'élévation des eaux.

(51) THÉORÊME. *Soit* F, *la pression exercée par une puissance motrice employée à élever de l'eau par le moyen d'une machine quelconque;* v, *la vîtesse avec laquelle la puissance agit, laquelle vîtesse est le nombre de pieds parcourus par seconde;* M, *la quantité de pieds cubes d'eau élevés par seconde;* h, *la hauteur à laquelle l'eau est élevée; et* q, *le poids du pied cube d'eau. Je dis que le* maximum *de la quantité d'eau que la puissance peut élever est* $\frac{Fv}{qh}$; *c'est-à-dire, qu'on a dans le cas du* maximum $M = \frac{Fv}{qh}$, *équation qui suppose par conséquent que non-seulement la machine est aussi parfaite qu'elle peut l'être, mais encore que la puissance n'a à vaincre ni frottement, ni aucune autre résistance quelconque étrangère à l'objet de l'élévation de l'eau; de sorte qu'y ayant toujours dans la pratique, des résistances étrangères à vaincre, il n'existe aucune machine qui puisse élever le volume d'eau* $\frac{Fv}{qh}$, *et que la machine la plus parfaite est celle dont le produit d'eau approche le plus de cette quantité.*

DÉMONSTRATION. Du moment que la puissance motrice n'est capable que de l'effort F, et ne peut agir qu'avec la vîtesse v, il est évident que le plus grand effet qu'elle peut produire pour élever de l'eau par telle machine hydraulique que ce soit, est de maintenir continuellement dans un mouvement d'ascendance verticale de bas en haut, une colonne d'eau dont la pesanteur est F, et la vîtesse ascendante v. Soit A la base de cette colonne d'eau. Son volume sera Ah, et sa pesanteur Aqh. On a donc cette première équation $Aqh = F$, d'où l'on tire $A = \frac{F}{qh}$. Mais la vîtesse ascendante de la colonne d'eau étant v, il est encore évident que le produit d'eau de la machine est $Av = \frac{Fv}{qh}$; mais nous avons appelé ce volume d'eau M. On a donc, dans le cas du *maximum*, cette équation $M = \frac{Fv}{qh}$. *C. Q. F. D.*

(32) La hauteur moyenne à laquelle les pompes d'un bon vaisseau marchand de 3 à 400 tonneaux, sont dans le cas d'élever l'eau, est d'environ 12 pieds. Lorsqu'une voie d'eau est pressante et continue, on ne peut guère y employer que le travail non-interrompu de 6 hommes : l'effort de chacun peut être estimé (*art.* 26) à 50 livres, et sa vîtesse à trois pieds par seconde. On a donc ici $F = 300$; $v = 3$; $q = 72$; et $h = 12$, ce qui donne $M = (1,0416)$, et nous apprend que dans le cas présent, une machine parfaite devroit élever (1,0416) pied cube d'eau par seconde, ou 468 muids par heure. Or, des observations nombreuses que j'ai faites à cet égard, m'ont convaincu que les meilleures pompes des vais-

seaux, n'élèvent pas, en cas pareil, le quart de ce volume.

Ceci prouve que la pompe foulante et aspirante est une machine hydraulique qu'on a adoptée bien plus à raison de sa simplicité, et de sa facilité à être placée résultant du peu de volume qu'elle occupe, qu'à raison du produit d'eau qu'elle est capable de fournir. On sentira en effet, pour peu qu'on y réfléchisse, que ce produit doit être prodigieusement diminué, quelque soin qu'on apporte à sa construction, par de très-fortes résistances étrangères qui sont inhérentes à sa nature, savoir : 1°. l'étranglement de l'eau au passage des soupapes, espèce de résistance que les expériences de M. Bossut nous apprennent être capable à elle seule de diminuer le produit d'eau de deux cinquièmes ; 2°. le frottement du piston contre les parois intérieures du corps de pompe ; 3°. la différence des bras de lévier avec lesquels les manivelles agissent dans leurs révolutions, différence qui est telle qu'il n'y a que deux points de la circonférence de ces révolutions, où la puissance qui meut la manivelle, agit avec toute l'intensité de son effort, et qu'il y en a deux autres où son effort est nul ; 4°. la résistance qu'en vertu de la loi invariable de l'inertie, le mouvement de la colonne d'eau et de tout l'appareil qui la supporte, oppose à sa destruction, pour passer, soit de la montance à la descendance, soit de la descendance à la montance.

Toutes ces causes réunies, et plusieurs autres qu'il seroit trop long de déduire ici, m'ont convaincu, il y a longtems, que la pompe foulante et aspirante est une très-mauvaise machine hydraulique à employer, toutes les fois qu'il est important d'obtenir le plus grand produit d'eau possible de la puissance motrice dont on se sert, et c'est précisément le cas des pompes des vaisseaux. Quelque soin qu'on apporte à leur construction, je ne crois pas qu'on obtienne jamais plus du tiers du *maximum* d'eau qu'on peut obtenir, et je ne vois pas pourquoi on ne les abandonneroit pas si on trouve une autre machine qui ne fasse pas plus d'embarras dans la cale, et qui produise un volume d'eau double. Or, je crois que la machine de Véra, perfectionnée, rempliroit cet objet.

(33) Observons en général que toute machine, telle que la pompe, où l'eau doit être forcée de passer par un pertuis étroit, et dont la nature est de n'avoir qu'un mouvement alternatif, est nécessairement très-imparfaite, et ne peut jamais donner qu'un produit d'eau très-inférieur au *maximum*. Ces deux inconvéniens n'ont point lieu dans la machine de Véra, où l'eau reste attachée à la corde ascendante, dont elle n'est détachée par en haut que par l'effet de la force centrifuge, et dont le mouvement continu est toujours dans le même sens. De plus, cette machine n'a que les frottemens ordinaires

sur des tourillons, frottemens qu'il est très-facile de réduire presqu'à rien, parce qu'ils sont rotatoires, au lieu que dans les pompes, le frottement du piston ne peut jamais manquer d'être très-considérable, d'abord parce qu'il est nécessairement de la première espèce, et ensuite parce que la pression doit être assez forte pour que ni l'eau ni l'air ne passent entre le piston et la paroi intérieure du corps de pompe.

Je sais que des expériences très-mal faites sur la machine de Véra, ont donné des produits qui ont paru foibles aux mécaniciens. Mais je ne crains point de dire que la faute doit en être attribuée, non à la nature de la machine, mais aux vices des expériences ; et je crois qu'en s'occupant du soin de perfectionner une machine aussi simple, et dont l'idée est très-ingénieuse, elle deviendroit peut-être celle de toutes les machines connues qui donneroit le plus grand produit d'eau, avec l'avantage précieux de n'être point limité dans la hauteur.

(34) M. Perrier, si connu par son génie supérieur pour la mécanique, a construit, il y a 25 ou 30 ans, une machine à force centrifuge, espèce de pompe que notre théorie apprend devoir être très-supérieure aux pompes foulantes

et aspirantes, 1°. parce qu'il n'y a point de frottement de piston; 2°. parce qu'il n'y a point de mouvement alternatif; 3°. parce que la soupape restant toujours ouverte, il est bien plus facile de diminuer l'étranglement de l'eau au passage du pertuis. Le produit de cette machine fut prodigieux, comparé au produit d'une pompe de même diamètre : la pièce d'eau sur laquelle l'expérience étoit faite fut épuisée beaucoup plutôt qu'on ne s'y attendoit, et, à défaut d'eau, la vase fut enlevée et jetée dans le réservoir supérieur aussi rapidement que l'eau même. Cette machine a à la vérité l'inconvénient de ne pouvoir pas élever à plus de 30 ou 32 pieds; mais cette hauteur est beaucoup plus que suffisante pour les plus grands vaisseaux. Je pense donc, si des expériences n'apprennent pas que la machine de Véra produit encore plus d'effet, qu'on devroit la préférer pour les vaisseaux aux pompes foulantes, et on pourroit l'y employer d'autant plus avantageusement que n'ayant qu'un mouvement rotatoire dans le sens horisontal, ce mouvement seroit extrêmement facile à imprimer par celui du cabestan, d'où il résulteroit, conformément aux observations des articles 24 et 26, que l'effort des hommes seroit employé de manière à produire un beaucoup plus grand effet.

(35) Mais la plus parfaite de toutes les machines hydrauliques, du moins lorsqu'on n'élève l'eau qu'à une hauteur de 4 à 5 pieds, est, sans contredit, celle qu'emploient les Hollandais pour mettre à sec, au retour de la belle saison, les immenses prairies de la Nort-Hollande. Cette machine n'est autre qu'une roue à aubes enfermée dans un coursier, par lequel elle refoule l'eau sur un plan très-incliné. Cette roue à aubes est mue en Hollande par un moulin à vent, et l'on sent qu'elle pourroit être mue de même par toute autre espèce de puissance motrice.

Les Hollandais sont tellement persuadés que cette machine ne doit pas élever à plus de 4 ou 5 pieds de hauteur, que lorsqu'ils ont à élever à une hauteur double ou triple, ils construisent deux ou trois machines qui élèvent l'eau de l'une à l'autre. Je ne crois pas que cette opinion soit fondée. Je pense, à la vérité, que la hauteur du plan incliné doit être dans un certain rapport avec la hauteur à laquelle on élève, et avec la vîtesse que la roue imprime à l'eau; mais je ne vois aucune raison pour ne pas élever l'eau beaucoup plus haut, et peut-être aussi haut qu'on peut en avoir besoin, en allongeant le plan incliné, lui donnant la pente convenable, et imprimant à la roue une vîtesse suffisante pour le refoulement de l'eau. Si cela est, cette machine pourroit peut-être s'appliquer utilement aux vaisseaux, en la plaçant dans leur axe, et faisant la roue et le plan incliné très-étroits.

(36) On ne connoît jusqu'à présent aucune manière certaine d'apprécier le véritable effet des machines hydrauliques destinées à élever l'eau, parce que les résistances étrangères, ainsi que cela a lieu dans les pompes, quoique souvent plus considérables que l'effet même qu'on veut produire, sont de nature à être difficilement saisies par le calcul. Le calcul est d'ailleurs extrêmement trompeur, et tous les jours on prétend perfectionner les machines anciennes, ou en inventer de nouvelles qu'on assure leur être très-supérieures, sans qu'on ait eu jusqu'à présent la faculté de vérifier la vérité à cet égard. Or, notre théorême (*art.* 31) fournit cette faculté par des procédés d'une simplicité extrême.

Supposons, en effet, qu'il soit question de vérifier une machine hydraulique ascendante, la pompe foulante, par exemple, et de reconnoître son degré de perfection, c'est-à-dire, si, lorsque cette machine est mue par telle puissance que ce soit, elle élève tout le volume d'eau que la puissance qu'on emploie est capable d'élever.

Pour parvenir à le savoir, je n'ai qu'à me servir pour puissance motrice, de la roue à aubes dont la construction est expliquée à l'article 29. Tout étant disposé à cet effet, et le mouvement étant arrivé à l'uniformité, on mesurera très-exactement le volume d'eau que la pompe élève. Je suppose que ce soit 135 muids ou 1080 pieds cubes par heure (en comptant le muid à 8 pieds cubes), équivalant à $\frac{5}{10}$ pied cube par seconde. L'eau élevée est douce, et pèse 70 livres le pied cube. Dix pieds est la hauteur à laquelle on élève l'eau. Je suppose à présent que la vîtesse du rayon extérieur de la roue, mesurée très-exactement, soit de (2,157) pieds par seconde. Notre table dudit article 29, nous apprend que l'effet produit par la roue à aubes lorsqu'elle tourne avec cette vîtesse est (694,555). Prenons donc à présent notre formule $M = \frac{Fv}{qh}$, et faisons dans cette formule $Fv = (694,554)$; $q = 70$, $h = 10$; on trouve $M = (0,922)$, ce qui nous apprend qu'une machine parfaite devroit élever (0,992) pieds cubes d'eau par seconde. Mais la pompe éprouvée est supposée n'avoir élevé que (0,3) pied cube d'eau; donc elle n'approche du degré possible de perfection que dans le rapport de 30 à 99 ; donc cette machine est très-imparfaite.

Je me suis servi ici des vîtesses et des effets calculés par la théorie qu'on pourroit peut-être me contester. Mais la table contient deux colonnes vides, destinées à être remplies par des vîtesses et des effets que j'indique le moyen de déterminer par l'expérience, et en se servant de ceux-ci, il ne pourra plus rester de doutes sur la précision des résultats qui seront obtenus.

La méthode que j'indique ici est toute nouvelle, et j'ose dire que c'est une découverte d'une haute importance, parce qu'elle détruit toute incertitude sur une des branches de l'hydraulique dont les applications sont d'une utilité extrême, et que néanmoins on n'a jamais su, jusqu'à ce jour, faire à propos. En effet, on n'a qu'à éprouver successivement par notre roue à aubes, toutes les machines hydrauliques ascendantes connues, et l'on connoîtra *avec une précision géométrique*, le degré exact de supériorité qu'elles ont toutes les unes sur les autres, par tous les rapports qu'on trouvera exister entre leurs produits, et le *maximum* que peut produire une machine parfaite, c'est-à-dire, qui ne peut point exister. Tous les produits des machines, tant de celles qui existent actuellement que de celles qu'on peut inventer, approcheront plus ou moins de ce *maximum*, mais ne l'atteindront jamais, de sorte que celles de ces machines dont les produits en approcheront le plus, seront les plus parfaites.

Les journaux ont parlé avec de grands éloges d'une machine inventée nouvellement par M. de Montgolfier, qu'on appelle le *bélier-hydraulique*. Je ne la connois pas, mais je l'ai entendu très-vanter, en disant de la manière vague dont on vante toutes les machines de ce genre, qu'elle fournit un volume d'eau prodigieux, et supérieur à celui fourni par aucune autre machine. Si le *bélier-hydraulique* n'est pas de nature (comme une autre machine dont j'ai eu connoissance il y a quelques années) à ne pouvoir être mis en mouvement que par le courant d'une rivière, et s'il est propre à recevoir toute autre puissance motrice, il suffit de le mettre en mouvement par notre roue à aubes, pour connoître son degré de perfection, et être en mesure de le classer avec toutes les autres machines destinées à élever l'eau.

CHAPITRE IV.

De la navigation des rivières.

(37) La navigation intérieure se fait de deux manières ; ou sur des fleuves et rivières qui ont un très-grand volume d'eau, c'est ce que j'appelle la *navigation naturelle* ; ou sur des canaux formés par des recreusemens, dans lesquels l'eau étant introduite, elle y est retenue par des digues ou des écluses, entre lesquelles l'eau se maintient de niveau, et forme des chûtes à chaque retenue, c'est ce que j'appelle la *navigation artificielle*. Je ne parlerai dans ce chapitre que de la navigation des rivières.

(38) Les fleuves et rivières doivent être distingués en deux classes, les *fleuves profonds*, et ceux qui manquent d'eau.

Les *fleuves profonds* présentent à la navigation trois obstacles : 1°. la rapidité de leur cours ; 2°. la difficulté du halage ; 3°. et les obstructions occasionnées par les sauts ou cataractes.

Examinons successivement les moyens propres à surmonter ces trois obstacles.

(39) *Rapidité du cours*. Plusieurs fleuves, tels que le Rhône en France, ont un cours tellement rapide, qu'il rend très-dangereuse la descente des bateaux, et très-difficile leur remontage. La seule manière de remédier à cet inconvénient, et dont il est très-singulier, je l'avoue, qu'on n'ait point eu l'idée, est de diminuer la résistance que les bateaux éprouvent de la part du fluide.

Dans tous les pays, du moins ceux que je connois, où une navigation est établie sur les rivières, on n'a jamais eu dans la construction des bateaux que deux objets en vue, celui de leur procurer un grand port, relativement au peu d'eau qu'ils peuvent ordinairement prendre, et celui de les construire à bon marché. L'idée de leur procurer une forme propre à éprouver peu de résistance, n'est jamais venue dans l'idée d'un seul constructeur de bateau, et cependant il est facile de comprendre qu'il est absolument indifférent que ce soit ou la rapidité du courant, ou la résistance qu'éprouve le bateau, qui soit diminuée, pourvu qu'on suive à cet égard des rapports convenables. Un courant deux fois plus rapide, occasionne une résistance quatre fois plus considérable. Par conséquent, réduire la vîtesse d'un courant à moitié, ou la résistance du bateau au quart, est absolument la même chose, quant au résultat. Or, est-il possible de construire des bateaux qui éprouvent quatre fois moins de résistance que les bateaux actuels ? Oui, sans doute, et c'est ce que nous démontrerons dans le chapitre suivant.

Je ne crois pas que le courant d'aucun fleuve navigable de l'Europe (excepté dans des endroits très-resserrés, tels que sous les arches d'un pont) ait plus de 6 pieds de vîtesse par seconde. Ceux de tous les fleuves dont le courant est aussi rapide, qui ont la profondeur nécessaire, deviendroient donc aussi propres à la navigation que ceux dont le courant n'a que 3 pieds de vîtesse par seconde, si aux bateaux actuels on substituoit des bateaux qui éprouvassent quatre fois moins de résistance. Cette construction demanderoit, à la vérité, plus de soins; les bateaux coûteroient plus cher; mais y a-t-il aucune proportion entre l'augmentation double ou triple du prix du bateau, et les profits énormes que produiroit une navigation très-active sur un fleuve dont on ne se sert point actuellement pour un usage si utile à la prospérité de l'agriculture et du commerce? Le perfectionnement de la navigation intérieure est donc essentiellement lié au perfectionnement des bateaux, et j'indiquerai, à la fin de cet ouvrage, les moyens de parvenir à ce dernier perfectionnement.

(40) La rapidité des fleuves, lorsqu'elle est déja considérable par elle-même, est quelquefois tellement augmentée par des circonstances locales, telles que le passage sous les arches d'un pont, qu'il faut alors des moyens mécaniques pour refouler le courant. Si ces moyens étoient dans le cas d'être employés très-souvent, ou sur des longueurs très-considérables, ils deviendroient très-dispendieux, très-embarrassans, et rendroient la navigation beaucoup trop lente. Mais lorsque sur une navigation de 50 ou 60 lieues, on n'a que quelques centaines de toises de cet obstacle à vaincre, on peut y parvenir par un moyen très-simple. Prenons pour exemple le pont du Saint-Esprit sur le Rhône. Pour vaincre l'extrême rapidité du courant sous l'arche par laquelle les bateaux passent, il suffiroit d'un ponton solide fortement amarré au milieu du fleuve et vis-à-vis de l'arche, à 40 ou 50 toises au-dessus du pont, sur lequel ponton seroit placé un treuil horisontal mu par deux roues

impossible, lorsque le tirage sur les rives est trop difficile, de l'opérer en plaçant les chevaux à bord du bateau, au lieu de les faire tirer sur la rive? Sûrement oui, en s'en tenant à la construction actuelle des bateaux : mais cette impossibilité existe-t-elle pour des bateaux qui, ayant encore un port considérable, éprouveroient une résistance cinq ou six fois moindre? On sent combien cette question est importante à discuter.

(43) Les géomètres ne doivent point s'attendre ici à une solution rigoureuse du problème proposé : ils en connoissent trop bien la difficulté, relativement à l'insuffisance des lois actuelles de l'hydraulique, pour l'exiger. Un calcul approximatif, ou, pour parler plus juste, très-grossier, suffira à l'objet de ce mémoire.

Quoique la théorie actuelle sur la résistance des fluides soit erronée, au point d'être entièrement inadmissible, cependant il y a deux lois de cette résistance qu'on peut admettre, sans craindre une erreur considérable dans l'application que nous allons en faire. La première, que les résistances sont à-peu-près proportionnelles aux surfaces; la seconde, qu'elles le sont encore aux quarrés des vîtesses.

M. Bouguer a trouvé, par l'expérience, qu'une surface plane d'un pied quarré, mue parallèlement à elle-même sur la mer, avec une vîtesse d'un pied par seconde, éprouve une résistance de 1 livre 7 onces. Ainsi, la même surface mue avec une vîtesse de 8 pieds par seconde, éprouveroit une résistance 64 fois plus forte, c'est-à-dire, de 120 livres.

Donc une surface plane de 15 pieds quarrés, éprouveroit une résistance égale à 15 fois 120 livres = 1800 livres.

On verra par la suite que je puis construire des bateaux dont le déplacement total étant de 240 milliers, déplaceront une colonne d'eau qui aura pour base 15 pieds quarrés, en ne tirant que 3 pieds d'eau, et qu'il est probable (je dis probable, car je ne suis pas, je l'avoue, en état de le démontrer rigoureusement) que ces bateaux, à raison de leur forme, éprouveront dix fois moins de résistance qu'un bateau fait en parallélipipède rectangle dont la base auroit 15 pieds quarrés de surface. Donc, en admettant cette hypothèse, mes bateaux mus avec 8 pieds de vîtesse par seconde, éprouveront 180 livres de résistance. Donc l'effet de la puissance nécessaire pour leur imprimer cette vîtesse de 8 pieds par seconde, est égal à 180 × 8 = 1440. Comptons 1500 pour faire un compte rond. Nous avons vu (*art.* 27) que l'effet produit par un cheval dans une machine qu'il fait mouvoir, peut être estimé à 1000. Donc 6 chevaux travaillant 8 heures sur 24, produisent un effet représenté par 6000, et par conséquent quadruple de l'effet nécessaire pour mouvoir notre bateau avec une vîtesse de 8 pieds par seconde. Six chevaux sont donc beaucoup plus que suffisans pour le remontage de notre bateau, s'il existe une manière d'employer leur force à bord même du bateau. Or, voici cette manière.

Il y aura au-dessus du bateau un plancher circulaire horisontal, dont le diamètre, compté au centre d'effort des chevaux, sera de 24 pieds. Ce sera sur ce plancher que les chevaux tourneront un cabestan, lequel par des engrenages convenables fera tourner deux roues à aubes (une de chaque côté du bateau) destinées par leur mouvement rotatoire à faire marcher le bateau.

Ces roues à aubes, construites d'après nos principes (*art.* 19) auront 64 aubes, dont la surface des plus grandes sera égale à la moitié de la surface *réduite* du maître couple de notre bateau, c'est-à-dire, 1 $\frac{1}{2}$ pied quarré, parce que la résistance étant diminuée par la forme de notre bateau dans le rapport de 10 à 1, la surface de 15 pieds quarrés du bateau, se trouve réduite à 1 $\frac{1}{2}$. Comme il y a une aube qui agit toujours de chaque côté, il suffira que les aubes aient $\frac{3}{4}$ pied quarré de surface, et par conséquent qu'elles aient 1 pied de large sur 9 pouces de hauteur. 5 pieds de diamètre à la roue seront suffisans.

Si l'eau n'avoit pas la faculté de céder par sa mobilité à l'effort de l'aube, on pourroit donner au centre d'effort de l'aube, la vîtesse juste de 8 pieds par seconde qu'on veut imprimer au bateau. Mais comme l'effort de l'aube produit deux effets, le premier de pousser en avant le vaisseau, le second de rejetter en arrière l'eau qu'elle frappe, on conçoit facilement qu'en supposant que l'aube ait la force suffisante de 180 livres pour vaincre la résistance qu'offre le bateau à se mouvoir avec une vîtesse de 8 pieds par seconde, elle n'imprimeroit pas néanmoins cette vîtesse, parce qu'elle en imprimeroit une en arrière à l'eau qui lui résiste. Il faut donc que l'aube, en frappant l'eau avec la force convenable pour vaincre la résistance que le bateau éprouve à se mouvoir avec une vîtesse de 8 pieds par seconde, ait une vîtesse plus grande. Supposons, comme je le crois, qu'une vîtesse double suffise, il faut alors que la puissance motrice, pour faire avancer le bateau avec une vîtesse de 8 pieds par seconde, soit capable d'un effort de 180 livres (qui est la résistance du bateau pour se mouvoir avec cette vîtesse), et qu'en outre cette puissance motrice agisse avec une vîtesse de 16 pieds par seconde. Son effet, au lieu de 1440, doit donc être égale à 180 + 16 = 2880. Or cet effet est celui de trois chevaux seulement : nous en plaçons six : donc nous avons encore un effet double de celui qui nous est nécessaire. Donc il est très-probable que ces 6 chevaux suffiront pour imprimer au bateau une vîtesse de 8 pieds par seconde. Résumons à présent tout ce que nous venons de dire.

(44) Si l'on construit un bateau dont la base de la colonne d'eau ne soit que de 15 pieds quarrés de surface ; si la forme du bateau est propre à diminuer la résistance de manière à ce qu'elle ne soit égale qu'à celle qu'éprouveroit une surface plane de 1 $\frac{1}{2}$ pied quarré de surface ; si l'on place de chaque côté du bateau une roue à aubes ayant 5 pieds de diamètre, et portant 64 aubes ayant 1 pied de large sur 9 pouces de hauteur ; si l'on établit au-dessus de ce bateau un cabestan ayant 24 pieds de diamètre, destiné à faire tourner les roues par un système convenable d'engrenage ; si ce cabestan est mu par six chevaux ; enfin si, pendant que les chevaux tourneront avec une vîtesse de 4 pieds par seconde, les bras de lévier sont disposés de manière que le centre d'effort des aubes tourne avec une vîtesse de 16 pieds par seconde, il est extrêmement probable que les 6 chevaux imprimeront au bateau une vîtesse de 8 pieds par seconde. Je ne crois pas

qu'excepté sous les ponts, le courant de la Seine ait nulle part plus de 4 pieds de vîtesse par seconde. Donc si les chevaux refoulent le courant, il restera pour la vîtesse du bateau, celle de 4 pieds par seconde, ou d'une lieue de 2400 toises à l'heure (1).

En descendant, le même bateau chargé auroit une vîtesse de 3 lieues à l'heure. Comme il gouvernera supérieurement bien, il n'y aura rien à craindre de cette grande vîtesse si les mariniers

---

(1) Je n'ai aucune donnée sur la vîtesse du courant de la Seine, comptée moyennement. Des nivellemens faits avec soin, dont j'ai eu connoissance, apprennent que sa pente, aux environs de Paris, n'est que de 1 pied par 1000 toises. Je ne crois pas que cette pente doive donner plus de 2 pieds de vîtesse par seconde. Ainsi, dans cette hypothèse, 6 chevaux placés sur le bateau lui feroient faire à-peu-près une lieue et demie à l'heure contre le courant.

Si la vîtesse moyenne de la Loire n'est pas de plus de 5 pieds par seconde, depuis Orléans jusqu'à Nantes, ce moyen mécanique pourroit servir au remontage des bateaux sur cette rivière, sur laquelle le halage le long des rives est impraticable.

Enfin, je ne doute point, quelle que soit la vîtesse moyenne du Rhône, le plus rapide de tous nos fleuves, que ce moyen ne puisse servir à y faire remonter des bateaux. Il suffiroit pour y parvenir de diminuer d'un tiers la largeur des bateaux, en conservant la même longueur et le même tirant d'eau. Le port seroit diminué dans la même proportion; mais la résistance du fluide le seroit dans une proportion plus forte, et telle qu'à coup sûr 6 chevaux placés à bord suffiroient pour le remontage de ces bateaux étroits.

connoissent bien la rivière. En tout cas, il sera toujours facile de la diminuer.

(45) On verra, comme je l'ai déja dit, qu'au tirant d'eau de 3 pieds seulement, le bateau déplacera 240 milliers. Le poids du bateau n'excédera pas 40 milliers ; il restera pour le port 200 milliers. Chaque cheval peut peser 800 livres, et les 6 chevaux ensemble, environ 5 milliers. L'appareil total de toute la machine ne pesera sûrement pas 15 milliers. Il restera donc 180 milliers pour le port du bateau. Ainsi, 6 chevaux et 4 hommes au plus, voitureront 180 milliers de marchandises, qu'on ne pourroit pas voiturer par terre à moins d'y employer 180 chevaux, et 50 hommes pour les conduire. Quels avantages ne doivent pas résulter de cette nouvelle méthode de halage dans tous les pays où de grandes rivières ne peuvent actuellement être naviguées par la seule difficulté du halage ! Combien en particulier ne seroit-il pas intéressant d'en faire l'expérience pour la navigation de la Seine au-dessous de Paris ?

(46) Nous avons observé à l'article 41, que lorsque les fleuves sont extrêmement rapides, le halage sur les rives est presque impraticable,

parce que la vîtesse qu'il est nécessaire de donner au bateau pour qu'il gouverne, ajoutée à la vîtesse du courant, donne une vîtesse totale qui seroit trop grande pour les chevaux. On remédiera à cet inconvénient en opérant dans ce cas le tirage par le moyen que nous venons d'indiquer, et en n'imprimant que la vîtesse nécessaire pour bien gouverner, celle, par exemple, de 3 pieds par seconde. Le bateau ira ainsi très-vîte en descendant : mais conduit par des mariniers habiles, et connoissant bien le cours de la rivière, il n'y aura aucun danger du moment que le bateau sera très-sensible à son gouvernail.

(47) *Cataractes.* Lorsque les cataractes des fleuves n'ont que quelques pieds de hauteur, on peut, ou les faire sauter, ou faire un barrage au-dessous avec une écluse pour soulever le niveau de manière que l'obstacle de la cataracte soit assez submergé pour ne pas gêner la navigation. Mais quelquefois la hauteur de la cataracte est trop grande pour que ces moyens soient praticables. Nous indiquerons ci-après ce qu'il y auroit à faire dans ce cas.

(48) *Des rivières manquant d'eau.* Les rivières, telles que la Seine et la Loire, dont le

volume d'eau étant très-abondant, n'ont pas la profondeur nécessaire à une bonne navigation, ne manquent de cette profondeur, que parce que leur lit est trop large. Le premier moyen qui se présente donc pour leur donner la largeur convenable, est de resserrer leur lit, par des barrages pratiqués de distance en distance, et ne laissant entr'eux qu'une ouverture ou pertuis assez large pour que les plus grands bateaux puissent y passer sans danger, et sans inconvéniens.

La Seine, aux environs de Paris, a 1 pied de pente par 1000 toises. Excepté les années où l'eau baisse extraordinairement, elle a, au-dessous de Paris, dans le tems des basses eaux ordinaires, 1 pied de profondeur. Ce n'est pas assez; il en faudroit 3. Il faudroit donc, si l'on plaçoit les barrages à 2000 toises de distance les uns des autres, qu'à chaque barrage l'eau fût élevée de 5 pieds, afin qu'en défalquant les 2 pieds de pente naturelle, il en restât 3 au pied du barrage supérieur. Pour forcer l'eau de monter de la hauteur de 1 pied à celle de 5, il faudroit à l'endroit du barrage réduire le lit de la rivière à une sixième ou septième partie de la largeur, c'est-à-dire, que là où elle coule dans un lit de 300 pieds, elle ne coulât plus que dans un lit de 40 à 50 pieds de large. Pour réussir à rétrécir ainsi son lit, il faudra choisir le tems des plus basses eaux, et faire de chaque côté du lit de la rivière, et perpendiculairement à son cours, une double digue, dont la surface supérieure soit par-tout de 5 pieds au-dessus du niveau des plus basses eaux, et dont le pertuis formé par cette double digue, ait 40 à 50 pieds d'ouverture.

Je n'indiquerai point ici les moyens de construction de cette digue, parce que les détails n'entrent point dans le plan de cet ouvrage. Je me borne à dire qu'elle ne présente aucune difficulté réelle, et que faite avec la solidité convenable, je ne pense pas qu'elle pût coûter plus de 40 mille fr. Ainsi, 50 semblables digues sur une longueur de 100 lieues (et elles seroient d'autant moins chères, qu'on s'approcheroit plus de la source) ne coûteroient que 2 millions. Qu'est-ce qu'une semblable dépense en comparaison des avantages qui résulteroient pour l'agriculture et le commerce, d'une navigation bonne et constante dans une longueur de 100 lieues ?

(49) Mais si ce moyen est d'une facile exécution, il donne lieu à trois inconvéniens auxquels il faut remédier.

1°. La pente dans un pertuis qui force l'eau à un surhaussement de 5 pieds, fatigueroit tellement les bateaux à leur passage, qu'aucun de ceux qui naviguent à présent sur la Seine, ne pourroit y résister, et qu'ils seroient tous exposés à se rompre dans le sens de leur longueur, et voilà pourquoi les rivières un peu considérables, telles que la Marne, la Charente, ont des pertuis qui ne soulèvent l'eau que de 15 à 18 pouces, d'où il ne résulte pour la navigation qu'un avantage extrêmement médiocre. A cela je réponds que ce n'est point avec de semblables bateaux que cette nouvelle navigation pourroit avoir lieu. Il en faudroit de beaucoup plus solides, et j'indiquerai par la suite la construction qui y seroit propre.

2°. La rapidité du courant dans le pertuis seroit telle, que les bateaux montans éprouveroient une résistance énorme pour le refouler. L'application du moyen proposé à l'article 40, remédiera entièrement à cet inconvénient.

3°. Enfin le troisième inconvénient des barrages est le danger des inondations.

Il faut d'abord observer à cet égard que le barrage dans une grande rivière telle que la Seine, n'ayant que la hauteur nécessaire pour forcer le refoulement de l'eau, dans le tems où l'on manque de profondeur, est entièrement recouvert par l'eau, lorsqu'elle acquiert au barrage la profondeur de 5 pieds, et alors elle reprend pour son écoulement toute la largeur de son lit naturel. On peut même diminuer considérablement la hauteur du barrage, en diminuant, lorsqu'on le peut, la largeur du pertuis, puisqu'avec des bateaux bien construits, les deux premiers inconvéniens qui en résultent n'ont plus lieu. Je crois, par exemple, que pendant plus de 30 lieues au-dessus de Paris, un pertuis de 20 à 25 pieds de large seulement, placé dans les endroits qui sont déja les plus profonds, n'exigeroit pas un barrage de plus de 2 à 3 pieds de hauteur moyenne, et ce foible exhaussement du fond, ne produiroit peut-être pas une augmentation sensible de hauteur dans les grandes eaux. Néanmoins le danger des inondations est trop grand pour ne pas chercher des moyens de l'éviter, et voici celui que je propose.

(50) Il consiste à former le barrage de vannes
Fig. 3. verticales, mobiles sur deux tourillons *A* et *B*. La hauteur de la vanne depuis *d* jusqu'en *a*, ou de *e* jusqu'en *f*, est égale à la hauteur dont on veut surhausser le niveau de la rivière. Dans notre hypothèse actuelle cette hauteur seroit de

5 pieds. La partie *cf* de la vanne a une largeur *bf* un peu plus grande que la largeur *ab* de l'autre partie *db* de la vanne. Le côté *fe* de la vanne est appuyé sur un montant vertical, tandis que le côté *ad* ne l'est pas, de sorte que tant que l'eau n'excède pas le niveau *af*, la pression du courant étant plus forte sur la partie *cf*, qui est plus large, que sur la partie *db*, qui est plus étroite, tient la vanne fermée, et force par conséquent l'eau de l'élever au niveau *af*.

La vanne la plus large se termine en *bf*; mais la hauteur de la partie la plus étroite s'étend jusqu'en *gh*, et cet excès de hauteur est combiné de manière que l'impression du courant sur la partie *dh* de la vanne, soit un peu plus considérable à raison de sa plus grande hauteur, que celle sur la partie *cf* de la vanne qui est plus large, mais moins haute. Si la vanne a une largeur totale *af* de 8 pieds, que la partie *db* ait 5 pieds 11 pouces de large, et la partie *cf*, 4 pieds 1 pouce, ce qui donne 2 pouces de plus de large à la partie *cf* qu'à la partie *db*, alors il suffit que la partie *ah* du côté de la vanne le plus étroit, ait une hauteur *ag* ou *bh* = 5 pieds 2 $\frac{1}{2}$ lignes pour qu'il y ait équilibre entre les pressions sur les deux côtés de la vanne. Donc si la hauteur *ag* ou *bh* est de 6 à 7 pouces, la vanne qui n'a aucun appui sur le côté *dg*, s'ouvrira, se mettra dans le fil du courant, et cessera par conséquent d'augmenter la hauteur de l'eau. Or la hauteur de la Seine dans les fortes eaux, est toujours de plus de 5 $\frac{1}{2}$ pieds; donc, lorsque les eaux commenceront à devenir fortes, toutes les vannes s'ouvriront, et le barrage, en procurant la profondeur d'eau convenable dans les basses eaux, n'exposera à aucune inondation dans le tems des hautes eaux.

Ce procédé est très-simple, et cette construction faite en sapin ne seroit pas dispendieuse. Le jeu des vannes se feroit de soi-même, sans avoir besoin de personne pour les manœuvrer. Mais, malgré sa simplicité, il vaudra mieux, à cause de la plus longue durée, et de la nullité des frais d'entretien, faire le barrage solide et fixe, toutes les fois qu'entre deux barrages voisins la hauteur des rives ne donnera pas lieu de craindre un débordement.

(51) Tous ces procédés pourroient servir au-dessous de la rivière de la Seine comme au-dessus, et établir ainsi, de Paris à Rouen, une profondeur constante de 6 pieds d'eau, qui suffiroit en adoptant ma nouvelle construction, dont je parlerai à la fin de cet ouvrage, pour

faire arriver à Paris des vaisseaux de 4 à 500 tonneaux ; et ouvrir ainsi à cette grande capitale le commerce immédiat de l'Amérique et de l'Inde. Les ponts seroient un obstacle au passage des vaisseaux tout gréés. Mais alors il faudroit ouvrir un canal de Conflans-Sainte-Honorine à Paris, canal qui alimenté par la rivière d'Ourcq, qu'on fait arriver à la Villette, seroit d'une très-facile exécution, ainsi que le prouvent les nivellemens de M. Bruslé. On trouveroit dans l'ancien emplacement de la Bastille, auquel on pourroit joindre une partie de l'Arsenal, tout l'espace suffisant pour faire un très-beau port. On éviteroit par là tous les ponts de Paris ; quant aux autres (et je crois qu'il n'y en a que trois), on pourroit ouvrir leur maîtresse arche, à la manière hollandaise, pour donner passage aux vaisseaux tout gréés, par le moyen de deux ponts-levis.

Du reste, je pense qu'il seroit inutile de chercher à raccourcir le cours de la rivière. Le tirage des chevaux pourroit très-facilement faire remonter les vaisseaux de ma construction, et lorsqu'un canal est bien navigable, plus il parcourt de pays, plus il est utile.

CHAPITRE V.

Des canaux de navigation construits par art.

(52) TOUT le monde connoît le procédé généralement suivi dans toute l'Europe pour la construction des canaux navigables, celui de soutenir les eaux par des digues formant une suite de bassins successifs, dont la différence de niveau est ordinairement de 5 à 6 pieds, lesquels bassins communiquent entr'eux par des écluses, terminées à leurs extrémités par des portes qui s'ouvrent et se ferment à volonté, et servent à faire remonter les bateaux des bassins bas dans les bassins hauts, ou à les faire descendre des bassins hauts dans les bassins bas.

Ce procédé, à l'extrême simplicité duquel on doit sans doute son adoption générale, a cependant trois inconvéniens majeurs :

1°. Les écluses exigeant un soin extrême dans leur construction, coûtent extrêmement cher ;

2°. Leur entretien est très-dispendieux.

3°. Le volume d'eau connu sous le nom

d'*éclusée*, nécessaire pour faire passer un bateau d'un bassin ou biez dans un autre, étant très-considérable, il faut, lorsque la navigation d'un canal est très-active, un réservoir d'une immense capacité, à ce qu'on appelle le *point de partage*, et que ce réservoir soit constamment alimenté par des sources très-abondantes.

Il résulte de ces trois inconvéniens, d'abord que la dépense d'un canal est souvent si considérable, qu'il n'y a pas une juste proportion entre les intérêts de cette dépense, et le produit qu'il peut rendre, et ensuite, que beaucoup de canaux, qui seroient très-utiles, ne peuvent être exécutés faute du volume d'eau nécessaire au point de partage. Voilà pourquoi les canaux navigables sont si rares, malgré les avantages bien reconnus qu'ils procurent à l'agriculture et au commerce.

Les Anglais, si occupés d'amélioration dans tout ce qui intéresse la prospérité publique, ont senti tous ces inconvéniens, et depuis quelques années, ils paroissent avoir abandonné l'ancienne construction des canaux navigables, pour lui en substituer une bien plus simple, bien plus économique, et par là même beaucoup plus utile. Cette construction nouvelle consiste à renoncer aux écluses et aux grands canaux, pour ne faire que de très-petits canaux, dont les biez ne sont séparés que par des plans inclinés, sur lesquels on fait remonter par des machines de très-petits bateaux, lesquels arrivés au sommet du plan incliné, font d'eux-mêmes la bascule, glissent par le seul effet de la gravitation sur des plans inclinés en sens contraire, et arrivent de cette manière dans le biez supérieur ou inférieur. Examinons si cette méthode qu'ils n'ont encore exécutée qu'en très-petit, ne pourroit pas réussir aussi bien plus en grand.

(53) Un bateau de ma construction, ayant 36 pieds 4 pouces de longueur, 8 pieds 2 pouces de largeur, et enfonçant dans l'eau de 2 pieds 4 pouces, déplace 30 milliers, dont 10 milliers pour le poids propre du bateau, et 20 milliers pour son port.

Ce bateau construit par mes nouveaux procédés de charpentage, aura une force beaucoup plus que suffisante pour résister, sans souffrir le plus léger jeu dans aucune de ses parties, à l'effort du hissage sur le plan incliné, et surtout de son balancement au sommet dudit plan incliné; car les bateaux actuels ne pourroient résister à cet effort, parce qu'on ne s'est occupé dans leur construction que du soin de leur procurer un grand port avec un foible tirant d'eau, et jamais ni de leur marche, ni de leur solidité.

Cette solidité dans ma construction ne s'obtient qu'en faisant mon bateau beaucoup plus pesant qu'un bateau ordinaire d'un semblable port. Mais on verra bientôt que le foible excès de dépense qui en résulte, n'est rien comparativement aux avantages précieux que la solidité procure.

Il suffit de donner au plan incliné 1 pied de pente sur 10, pour que la gravitation l'entraîne malgré la résistance de son frottement.

Ainsi, la puissance motrice qui a à tirer le bateau le long du plan incliné, n'aura à faire qu'un effort égal au dixième de la pesanteur, et qui sera par conséquent de 3 mille livres, auquel il faut ajouter le frottement, lequel, dans une masse semblable, doit être estimé au sixième tout au plus de la pression, c'est-à-dire, ici, à 500 livres, puisque la pression absolue est réduite à 3 mille livres. La puissance motrice n'aura donc à exercer qu'une pression de 3500 livres.

L'effort d'un cheval agissant avec une vîtesse de 4 pieds par seconde, est de 250 livres. Pour que le cheval exerce une pression de 3500 livres, il faut donc dans une machine supposée parfaite ; que la perte sur la vîtesse soit dans le rapport de 3500 à 250, et par conséquent qu'il ne puisse imprimer qu'une vîtesse de 3 pouces 5 $\frac{14}{100}$ lignes par seconde.

L'élévation d'un biez sur l'autre est ordinairement de 6 pieds. Le plan incliné aura donc à-peu-près 60 pieds de longueur : comme il faut ajouter à cette longueur un peu moins de la demi-longueur du bateau, on voit que la puissance, avant que de livrer le bateau à lui-même sur le plan incliné inverse, n'aura pas à lui faire parcourir un espace de 80 pieds. Celle que nous employons ici, qui est la force du cheval, peut imprimer une vîtesse de 3 pouces 5 $\frac{14}{100}$ lignes par seconde. Donc elle est capable de faire parcourir, dans une machine supposée parfaite, les 80 pieds de course, en un peu moins de 23 secondes. Mais ce calcul est fait pour une machine supposée parfaite, c'est-à-dire, dans l'action de laquelle il n'entre d'autres résistances à vaincre que celles qui résultent immédiatement de l'effet qu'on veut produire. Or les choses ne se passent pas ainsi. Il y a dans toutes les machines des résistances étrangères qui absorbent une partie de la puissance motrice. Supposons donc que ces résistances étrangères qu'on a à vaincre, telles que les frottemens particuliers de la machine, la résistance des cordes, etc. ; soient presque doubles de l'effet qu'on a à produire (ce qu'on doit regarder comme impossible, si la machine est bien faite), il suffira d'une minute pour que l'effort d'un seul cheval fasse passer le bateau du biez inférieur dans le biez supérieur. Donc le même cheval, en travaillant 8 heures par jour, pourroit, s'il n'y avoit point d'intervalle dans les opérations, faire remonter 480 bateaux par jour. C'est dix fois plus qu'il n'en faut à la navigation la plus active.

(54) Tous ces calculs sont faits pour un bateau de 20 milliers de port, dont la longueur est de 36 pieds 4 pouces. Voyons ce que le calcul nous donnera pour un vaisseau de commerce de 400 tonneaux, lequel dans ma construction seroit de même assez solide pour résister au hissage sur le plan incliné, sans éprouver le moindre jeu dans aucune de ses parties. La longueur de ce vaisseau seroit de 100 pieds environ. Ainsi en ajoutant sa demi-longueur 50 pieds, à la longueur du plan incliné, le chemin que la puissance motrice auroit à lui faire parcourir jusqu'au point de la bascule, seroit de 110 pieds au lieu de 80.

Ce vaisseau de 400 tonneaux de port, peseroit 600 tonneaux ou 1200 milliers, et seroit par conséquent 40 fois plus pesant que notre bateau de l'article 53. Donc puisqu'un seul cheval, abstraction faite des résistances étrangères, peut faire parcourir sur le plan incliné 80 pieds en 23 secondes, il lui faudroit 40 fois 23 secondes ou 15 minutes, et 20 secondes pour faire parcourir à notre vaisseau le même espace de 80 pieds; donc il faudroit à ce seul cheval à-peu-près 21 minutes, pour lui faire parcourir les 110 pieds qu'il auroit en effet à lui faire parcourir; donc en employant 4 chevaux, il ne faudroit pas plus de 5 $\frac{1}{4}$ minutes. Donc enfin, en tenant compte des résistances étrangères, et les calculant au plus haut, 10 minutes de tems suffiroient pour faire passer un vaisseau du biez inférieur au biez supérieur, en le hissant sur un plan incliné par le moyen de 4 chevaux. Or, la manœuvre d'une écluse n'exigeroit pas moins de tems, avec quelque célérité qu'elle fût faite.

(55) Les calculs de l'article 53 prouvent de manière à ne donner lieu à aucune objection, à aucune réplique, qu'un canal à plan incliné pourroit, par le moyen d'un seul cheval, donner passage à chaque barrage, à 100 bateaux par jour, du port chacun de 20 milliers, et

servir par conséquent au transport journalier de 200 mille quintaux de marchandises. Or, la consommation de Paris, seroit double et triple de ce qu'elle est aujourd'hui, qu'un service si étendu seroit encore beaucoup plus que suffisant.

(56) Ces bases une fois établies, on voit à présent la vérité de ce que j'ai annoncé au commencement de cet ouvrage : *qu'il n'y a pas un seul cours d'eau faisant actuellement tourner des moulins, qui ne puisse devenir un excellent canal navigable, non-seulement sans nuire à l'effet des moulins, mais en le doublant.*

En effet, la dépense d'eau des moulins, tels qu'ils sont construits aujourd'hui, peut être évaluée, en terme moyen (*art.* 18), à 30 pieds cubes d'eau par seconde, équivalant à plus de 300 mille muids par jour. Il y a des tems où la dépense ne s'élève pas si haut, à raison des chômages auxquels le manque d'eau force les meuniers; mais il y en a aussi où la dépense d'eau est double et triple à raison de celle qui s'échappe par-dessus les déversoirs, lorsqu'elle est très-abondante (1).

(1) Ce volume d'eau pourra m'être contesté; mais quelque réduction qu'on y fasse, le projet des canaux à plans inclinés n'en

De ces 300 mille muids d'eau par jour, la moitié suffiroit pour faire tourner les moulins, en les construisant suivant les principes que nous avons indiqués dans le chapitre Ier., et l'autre moitié seroit plus que suffisante à la navigation pour des canaux qui ne consomment plus l'énorme volume d'eau nécessaire au service des écluses.

Pour rendre ainsi un cours d'eau, canal navigable, il suffiroit d'établir des barrages de distance en distance, et de les répartir de manière qu'en refoulant l'eau, la différence de niveau des biez fut, suivant l'usage, de 6 pieds ou à-peu-près.

La hauteur des barrages seroit réglée de manière qu'au-dessous de chaque barrage il y eût 3 pieds d'eau, et par conséquent 9 au-dessus.

La construction de ces barrages seroit extrêmement simple. Ils contiendroient à leur milieu

---

est pas moins d'une exécution aussi sûre que facile, non-seulement sans nuire à un seul moulin, mais même en doublant l'effet de tous ceux qui existent, puisque mieux construits, la moitié seulement de l'eau qu'ils prennent leur fera produire un effet double, et que l'autre moitié, quand elle seroit bien moins abondante que je l'estime, suffira toujours à des canaux qui n'ont d'autres dépenses que l'infiltration dans les terres, et l'évaporation.

un double plan incliné, l'un dans un sens, pour hisser les bateaux du biez inférieur dans le biez supérieur, et l'autre, dans le sens contraire du biez supérieur dans le biez inférieur.

Ces plans inclinés seroient en maçonnerie à chaux et à ciment, de manière à résister parfaitement à l'eau. Le reste du barrage seroit une simple jettée en terre, ayant un double talud, et assez élevée pour que le superflu de l'eau du biez supérieur ne passât pas par-dessus la digue, ce qui la dégraderoit promptement, mais seulement par-dessus les plans inclinés, lesquels étant en bonne et solide maçonnerie, n'en éprouveroient aucune dégradation.

Comme tous les courans d'eau ont une pente naturelle, les barrages suffiroient pour donner par-tout la profondeur suffisante, et tant que le canal seroit sur le courant d'eau, il n'y auroit aucun déblai à faire pour le recreusement du canal. Les seuls déblais à faire seroient pour la jonction des canaux.

Cette jonction auroit souvent lieu dans des endroits très-élevés des courans d'eau, près de leurs sources, où il pourroit arriver qu'on manquât d'eau pour alimenter le canal de jonction. Dans ce cas, il faudroit chercher aux environs du point le plus élevé du canal de jonction, un emplacement propre à établir au lieu appelé *le point de partage*, un vaste réservoir, creusé en partie, autant que possible, par la nature, et fermé dans son contour par des digues aux endroits où cela seroit nécessaire.

Si le point de partage se trouvoit élevé de quelques pieds au-dessus du niveau des eaux qu'on pourroit y conduire, comme les canaux de jonction et les points de partage seront toujours placés sur des lieux élevés où il y aura beaucoup de vent, il faudroit y établir, pour y conduire les eaux en les élevant, des moulins à eau semblables à ceux dont on se sert dans la Nort-Hollande, pour y dessécher à la fin de l'hiver les immenses prairies qui font la richesse de cette province (1).

Comme il y a en France, dans les limites actuelles qui la circonscrivent, 6 à 7 mille courans d'eau qui tous peuvent être rendus navi-

(1) On voit dans l'ouvrage de M. de Lalande, sur les canaux navigables, plusieurs projets de canaux très-utiles dont le défaut de quelques pieds seulement d'élévation au point de partage a été le seul obstacle qui en ait arrêté l'exécution. Comment n'est-il pas venu dans l'idée d'y suppléer par des machines! On ne feroit pas aujourd'hui pour dix millions toutes les dépenses auxquelles ont donné lieu le rassemblement des eaux dans le réservoir nourricier du canal de Languedoc; et dans des cas semblables, la

gables par nos procédés, tous les canaux actuellement projettés, qui, ne suivant pas les cours d'eau, sont d'une construction extrêmement dispendieuse, deviendroient inutiles ; je mets de ce nombre le fameux canal de Saint-Quentin, non parce que sa construction seroit impossible, ainsi que l'ont pensé trop légèrement de célèbres académiciens, mais parce que le produit annuel qu'il rendroit, ne couvriroit pas les frais de sa dépense. Je n'ai aucune connoissance du local ; mais à coup sûr le pays où est situé Saint-Quentin est arrosé par des cours d'eau, qui se jetant successivement les uns dans les autres, communiquent à de grandes rivières, et à la mer. Rendez donc tous ces courans d'eau navigables, et ouvrant par là d'immenses débouchés sur tous les points du territoire dans une circonférence de 15 ou 20 lieues de rayon autour de Saint-Quentin, vous enrichirez bien

---

dixième partie de cette dépense suffiroit pour élever un volume d'eau suffisant qui seroit à portée, et ne seroit que de quelques pieds inférieur au niveau nécessaire. Cette opération ne seroit-elle pas évidemment beaucoup plus facile que celle de dessécher ainsi, comme en Hollande, des plaines de 2 ou 300 mille arpens inondées de 4 pieds d'eau ? La plupart des canaux de cet industrieux pays, ne sont-ils pas d'ailleurs alimentés de cette manière ?

plus le pays, qu'en construisant un seul canal extrêmement dispendieux, dont les seuls riverains profiteront.

Cette méthode de ne faire des canaux navigables qu'en profitant de la pente naturelle des courans d'eau, ce qui évite les frais immenses du déblai des recreusemens, et de substituer les plans inclinés aux écluses, ce qui, d'une part, diminue prodigieusement la dépense, et, de l'autre, fait trouver dans le seul volume des courans d'eau celui qui est nécessaire à la navigation, cette méthode, dis-je, si simple, et à laquelle personne néanmoins n'a encore songé, ne peut manquer de frapper par son utilité, les hommes d'Etat éclairés, et sur-tout le chef de notre Gouvernement, si constamment occupé de tout ce qui intéresse la prospérité publique.

(57) Prenons pour exemple la navigation des deux courans d'eau dont les sources ne sont pas à plus de 2 ou 3 lieues l'une de l'autre, et dont le premier, la rivière de Béthune, se rend à Dieppe, et l'autre, le Thérain, se jette dans l'Oise. J'estime par le nombre de moulins que je vois marqués sur les cartes de M. de Cassini, qu'il ne faudroit pas plus de 60 barrages en tout pour ces deux courans d'eau. Je ne crois pas

que chaque barrage, y compris la dépense de la maçonnerie des deux plans inclinés, coûtât plus de 10 mille francs. Ainsi la dépense de construction des 60 barrages s'éleveroit à 600 mille francs. Je suis donc convaincu qu'en ajoutant à cette dépense celle de quelques jettées latérales en terre, dans les endroits où l'on craindroit le débordement, et celle du canal de communication entre les deux courans d'eau, la dépense totale de ces deux canaux, ouvrant une communication entre Dieppe et Paris, ne passeroit pas un million. M. Bruslé a proposé l'exécution de ce projet par les procédés ordinaires : je ne connois point les détails de son projet, mais je suis persuadé que son exécution coûteroit 10 millions au moins, et qu'ensuite l'entretien annuel des écluses passeroit 100 mille écus, tandis que celui de mes barrages seroit à-peu-près nul.

(58) Le prix moyen du charroi par terre en France, est d'un sou à-peu-près par quintal et par lieue, et de 3 francs pour 60 lieues, ce qui seroit à-peu-près la longueur des deux canaux actuels réunis. Au lieu de 3 francs par quintal, ne comptons que 3 sous, pour le prix du transport par eau. Le passage par chaque barrage de

4 mille quintaux seulement par jour, donneroit donc un produit journalier de 600 francs, et un produit annuel de plus de 200 mille francs; mais nos bateaux porteroient 200 mille quintaux (*art.* 53). Le calcul que nous établissons ici suppose donc le passage journalier de 20 bateaux seulement. Mais il pourroit facilement en passer 100, 200 par jour (*même art.*). On voit donc que si les entrepreneurs du canal étoient en même tems entrepreneurs de la navigation; c'est-à-dire, si à la dépense d'un million que coûteroit le canal, ils y joignoient celle d'une semblable somme pour la construction du nombre de bateaux qui leur seroit nécessaire, ils pourroient faire un bénéfice énorme, en baissant même encore le prix du fret, parce qu'ils perdroient moins sur cette diminution, qu'ils ne gagneroient sur l'augmentation de la quantité des charrois.

Il suit de ces calculs que si le Gouvernement se déterminoit à donner un seul exemple de la construction d'un canal par mes procédés, le puissant motif de l'intérêt personnel suffiroit ensuite pour former de tous côtés des compagnies qui entreprendroient de semblables canaux dans tous les départemens, et en moins de dix ans, le territoire entier de la France se trouveroit couvert de canaux, se croisant en tous sens, portant par-tout la fertilité et l'abondance, sans que le Gouvernement eût aucune dépense à faire à cet égard.

(59) Mais pour que des opérations si utiles se multipliassent avec rapidité, il faudroit absolument que le Gouvernement fit un réglement sur les moulins et usines, et en forçât les propriétaires à les reconstruire d'après les procédés expliqués au chapitre Ier. ; car tant que les choses resteront dans leur état actuel, la mauvaise construction des moulins exigeant l'emploi total du volume d'eau de la plupart des courans d'eau, leur établissement, tel qu'il est à présent, sera un obstacle insurmontable à toute entreprise de ce genre. Je le répète : les propriétaires de moulins auront-ils lieu de se plaindre, lorsque les constructions nouvelles qu'on exigera d'eux, en doublant leur revenu, rendront à la navigation un volume d'eau qu'ils perdent inutilement, et qui deviendra une source si puissante de prospérité publique ?

Les bateaux dont j'exposerai ci-après la construction, réuniront à tous les avantages que j'ai exposés, celui d'éprouver une si foible résistance, que chacun d'eux pourra être tiré facilement par un seul enfant de 12 à 15 ans, ou par une femme; et si, comme je n'en doute pas, plusieurs milliers de canaux se construisent d'ici à 10 ans, il en résultera des moyens de subsistance pour un nombre infini d'individus qui en manquent entièrement aujourd'hui. Cette considération sera sûrement d'un grand poids auprès des hommes d'Etat que l'humanité et l'amour du bien public animent.

CHAPITRE VI.

De l'irrigation des campagnes.

(60) J'OBSERVAI, dans le tems que, chancelier de la maison d'Orléans, j'étois chargé en chef de l'administration du canal qui lui appartenoit alors, que le biez de distribution du canal, et le seuil de la porte Banier d'Orléans étoient à-peu-près à la même hauteur au-dessus du niveau de la Loire. Je fis en même tems la remarque à l'inspection des cartes de la forêt, qu'entre ces deux points, le biez de distribution du canal et la porte Banier, règne une crête de montagne d'où s'échappe un grand nombre de petits ruisseaux, dont les uns coulent du côté de la Loire, et les autres du côté opposé, pour se rendre à de plus grands ruisseaux qui tombent dans la Seine. Je conclus de cette double observation qu'entre le biez de distribution et la porte Banier, il devoit exister une ligne de niveau, pouvant servir à un embranchement du canal qui lui ouvriroit une communication immédiate avec la ville

d'Orléans, et éviteroit non-seulement le remontage souvent très-difficile de 4 lieues de la Loire, mais le passage des 11 écluses par lesquelles on descend du biez de distribution du canal dans la Loire.

Ce n'est pas tout : la connoissance que j'avois des pentes de la Loire et de la Seine, et la considération de tous les cours d'eau qui se jettent dans cette dernière rivière, me firent conjecturer encore que le seuil de la porte Banier d'Orléans, devoit être très-supérieur au niveau de la rivière de la Seine à Paris, et qu'ainsi les eaux du biez de distribution du canal, une fois arrivées à la porte Banier, pouvoient être conduites jusqu'à Paris, et former un nouveau canal direct et immédiat bien préférable à celui du Loing et du Loiret, qui se jette beaucoup trop haut dans la Seine, dont la navigation depuis Moret jusqu'à Paris, est souvent très-difficile à cause du manque d'eau.

A la considération de l'utilité de ce nouveau canal, se joignoient deux autres considérations importantes. 1°. L'embranchement du biez de distribution à la porte Banier, devoit donner une haute valeur à une partie de la forêt d'Orléans, soit en améliorant le fonds par le dessèchement de plus de 10 mille arpens marécageux où le bois est très-rabougri, soit par la facilité de l'exploitation; 2°. le nouveau canal pour se rendre de la porte Banier d'Orléans à Paris, devoit traverser ces vastes plaines situées entre Etampes et Orléans, qui fournissent une immense quantité de grains, et sont par conséquent déja très-fertiles, mais qui le deviendroient bien davantage, lorsque traversées en tous sens par une infinité de canaux de dérivation, elles recevroient cette humidité fécondante qui leur manque entièrement, et pourroient s'aider dans la culture des grains, la seule qui s'y fasse à présent, par la culture des prairies que l'on sait propre à la doubler et à la tripler.

Je fis en conséquence prendre tous les nivellemens nécessaires à l'exécution de ce canal, et je chargeai de cette opération deux habiles ingénieurs, MM. Potier et Claveaux. Il résulta des travaux du premier, que l'immense volume d'eau qui se trouve dans le biez de distribution du canal actuel d'Orléans, pouvoit en effet être amené toujours sur le même niveau par un seul embranchement de 13 mille toises de longueur à travers la forêt, jusqu'à la porte Banier; et par les travaux du second, que ce même canal pouvoit ensuite par une pente toujours uniforme, et sans aucune contrepente, être amené jusqu'à

Paris, en traversant toutes les fertiles plaines dont je viens de parler, et qui sont si souvent frappées du terrible fléau de la sécheresse.

(61) Voilà donc l'exemple d'un immense réservoir nourricier, alimenté par une seule petite rivière, le Loing, et pouvant servir à fertiliser 12 ou 15 cents lieues quarrées, soit par des canaux navigables, qui diminuent le prix des denrées d'un grand volume en facilitant leur transport, soit par des irrigations abondantes qui doublent et triplent la production. Or peut-on douter qu'il n'y ait en France 50 ou 60 petites rivières produisant un volume d'eau égal, et qui suffiroient par des opérations semblables à celles dont je viens de rendre compte, pour porter la fertilité et l'abondance sur toutes les parties de notre territoire sans exception? Le Loiret, dont le volume d'eau est si abondant à sa source même, pourroit fertiliser de cette manière de l'autre côté de la Loire, l'aride et sablonneuse Sologne; le Ciron et le Leyre, comme je l'ai déja observé ailleurs, pourroient convertir en riches prairies un million d'arpens connus aujourd'hui sous le nom de Landes de Bordeaux, et qui sont entièrement perdus pour la culture; les mêmes opérations pourroient sans

doute avoir lieu sur les landes de Bretagne, du Berri ; en un mot, je le répète, on doubleroit, on tripleroit peut-être la masse de nos denrées territoriales, et par là on procureroit un accroissement proportionnel à la prospérité publique, en convertissant tous les cours d'eau en autant de canaux navigables; en dérivant de ces canaux navigables, destinés au transport des denrées d'un grand volume, une multitude de petites rigoles pour servir à l'arrosement des campagnes; et en entourant des champs particuliers d'un simple épaulement en terre de 2 ou 3 pieds, pour retenir les eaux, et former de petites inondations artificielles par-tout où l'eau pourroit arriver d'une rigole supérieure, se soutenir à son niveau, et s'écouler à une rigole inférieure.

La pente de la Loire est beaucoup plus considérable que celle de la Seine, et par conséquent puisque les distances de Paris et d'Orléans à la mer sont, je crois, à-peu-près égales, je ne doute pas qu'il n'y ait au moins 130 à 140 pieds de différence de niveau entre le seuil de la porte Banier, et le niveau de la Seine à Paris. On voit donc qu'en faisant d'abord traverser toutes les campagnes de la Beauce pour les fertiliser, par le canal que je propose de la porte

Banier d'Orléans à Paris ; en affectant 50 ou 60 pieds de pente pour cette partie de la direction du canal ; en le dirigeant ensuite sur les coteaux des petites rivières d'Essonne, de la Juine et de l'Orge, et le maintenant à-peu-près horisontal dans cette dernière partie de sa direction, ainsi que cela a été reconnu possible par l'examen d'autres projets ; enfin en n'affectant sur les 20 mille pouces d'eau que peut fournir à présent le biez de distribution du canal actuel, que 14 à 15 mille pouces pour la navigation et l'irrigation des campagnes, on voit, dis-je, qu'on pourroit amener à 80 pieds au-dessus du niveau de la Seine à Paris, 5 à 6 mille pouces d'eau destinés à procurer à la partie de Paris, placée sur la rive gauche de la Seine, les mêmes avantages que l'arrivée de la rivière d'Ourcq doit procurer à l'autre partie.

CHAPITRE VII.

Examen des expériences faites jusqu'à ce jour sur la résistance des fluides.

(62) Une foule de grands géomètres à la tête desquels on doit placer l'immortel Newton, n'ont cessé depuis plus d'un siècle de s'occuper de la recherche des lois de la résistance des fluides. L'inutilité de leurs travaux à cet égard, ou pour mieux dire, les erreurs très-graves où ils ont été conduits lorsqu'ils n'ont eu d'autres guides que leur sagacité et la force de leurs raisonnemens, ont enfin convaincu que le flambeau de l'expérience pouvoit seul porter la lumière sur un sujet si délicat, et où la nature paroît s'envelopper d'un voile impénétrable. Aussi un grand nombre de savans, Borda, Bossut, Thevenard, Romé en France; don Juan d'Ulloa en Espagne; Smith, Brent et Randall en Angleterre; Chapman en Suède, ont-ils multiplié de tous côtés les expériences, et néanmoins la théorie de la résistance des fluides est restée tout

aussi incertaine qu'elle l'étoit auparavant. Les expériences ont bien démontré la fausseté des anciens principes de la science, mais elles ne leur en ont substitué aucun nouveau : elles ont tout détruit, et n'ont rien édifié.

Il est très-remarquable que les recherches de tant de personnes éclairées dans une route qui paroissoit si facile et si sûre, aient été entièrement infructueuses. Cela prouve qu'on n'a point assez senti la difficulté des expériences, et surtout qu'on ne s'étoit pas assez pénétré de la nécessité de bien méditer, avant de les commencer, et l'objet précis que l'on devoit avoir en vue, et le plan à suivre pour remplir cet objet.

Il est donc essentiel avant de se livrer à de nouvelles expériences de commencer par chercher à bien connoître, afin de les éviter, tous les inconvéniens qui ont rendu inutiles toutes les expériences faites jusqu'à ce jour. Comme elles ont toutes été faites sur le même plan, nous allons nous borner à examiner les plus connues, celles faites par le citoyen Bossut, nous n'en dirons rien qui ne soit applicable à toutes les autres.

(63) Les expériences du citoyen Bossut, ainsi que toutes les autres dont j'ai pu me procurer la connoissance, ont

eu pour puissances motrices des poids qui, livrés à eux-mêmes, entraînoient les bateaux. Il faut dans les expériences ainsi faites, pour que le poids moteur devienne l'expression de la résistance, que le mouvement soit devenu uniforme, parce que tant qu'il conserve de l'accélération, une partie de la puissance motrice est employée à vaincre l'inertie du bateau, de sorte qu'on ne sait pas quelle partie est employée à vaincre la résistance du fluide. Or je dis que toutes les expériences faites par des poids moteurs, dont j'ai connoissance, ont été affectées de deux vices qui *frappent de nullité* toutes les conclusions où elles ont conduit. 1°. Les espaces parcourus par les bateaux ont été beaucoup trop petits; 2°. Les tems n'ont point été mesurés avec la précision convenable.

Pour prouver que ces deux vices frappent en effet de nullité les conclusions tirées de toutes les expériences faites jusqu'à ce jour, examinons celles qui ont été faites par le citoyen Bossut.

(64) Dans toutes ces expériences, les bateaux ont parcouru (*fig.* 3) un espace total de OE de 66 pieds; on n'a commencé à compter le mouvement qu'après un espace OA de 16 pieds. On a ensuite mesuré les tems employés à parcourir les espaces $AB = 10$; $AC = 20$; $AD = 30$; et $AE = 50$ pieds. Dans quelques-unes des expériences l'espace total AE a été divisé en deux parties égales Ad et dA, chacune de 25 pieds.

En retranchant le tems employé à parcourir AB, du tems employé à parcourir AC, on a le tems employé à parcourir BC; en retranchant du tems AD, le tems AC, on a le tems CD; cette soustraction donne donc les tems employés à parcourir les espaces égaux *AB*, *BC*, *CD*, tous de 10 pieds. On trouve de même les tems employés à parcourir les deux espaces aussi égaux *BD* et *DE*, chacun de 20 pieds. Telle est l'opération préliminaire que j'ai faite sur vingt-deux expériences prises au hasard, et choisies seulement parmi celles faites sur des bateaux de formes différentes, savoir, ceux désignés dans les expériences sous les nos. 1, 2, 7, 8, 12 et 20. La table ci-après indique le résultat de toutes ces opérations.

(Voyez le tableau ci-joint).

(65) Le premier coup-d'œil qu'on jette sur cette table suffit déja pour prouver, par la prodigieuse irrégularité qu'elle contient, l'extrême inexactitude de toutes les observations. Le citoyen Bossut ne remarquant pas dans ses résultats de très-grandes différences, a cru être fondé à les négliger, et il est essentiel de commencer par faire voir combien il s'est trompé à cet égard.

Supposons qu'un corps grave, livré à lui-même, sans résistances étrangères à vaincre, ait à tomber d'une hauteur *OE*... de 66 pieds. On trouve qu'il parcourroit les espaces successifs $OA = 16$; $AB = 10$; $BC = 10$; $CD = 10$; $BD = 20$; $DE = 20$; $Ad = 25$ et $dE = 25$ pieds dans les tems suivans :

NUMÉROS indicateurs DES BATEAUX	NUMÉROS des EXPÉRIENCES.	NOMBRES DE DEMI-SECONDES EMPLOYÉES A PARCOURIR LES ESPACES AB.	B C.	C D.	B D.	D E.	A d.	d E.	DIFFÉRENCE des tems employés à parcourir les espaces égaux BD et DE.	TEMS qui seroient employés à parcourir l'espace dE si le mouvement étoit uniforme.	uniform. accéléré.
1	1	9,20	8,60	8,82	17,42	17,08	»	»	+ 0,34	»	»
	2	8,70	8,00	8,00	16,00	15,90	»	»	+ 0,10	»	»
	3	8,12	7,53	7,88	15,41	14,84	»	»	+ 0,57	»	»
	4	7,40	6,60	6,30	12,90	14,00	»	»	— 1,10	»	»
	7	6,90	6,10	6,71	12,81	12,45	»	»	+ 0,36	»	»
2	8	10,57	8,27	10,16	18,43	21,11	25,24	24,87	— 2,68	»	»
	10	9,48	9,22	8,52	17,74	17,32	22,95	21,59	+ 0,42	»	»
	12	8,10	7,55	7,93	15,48	15,12	19,90	18,80	+ 0,36	»	»
7	75	8,56	6,50	6,12	12,62	11,88	»	»	+ 0,74	»	»
	77	6,80	5,99	5,41	11,40	11,50	»	»	— 0,10	»	»
	80	5,25	5,12	5,00	10,12	9,13	»	»	+ 0,99	»	»
8	85	10,50	10,18	10,02	20,20	19,30	»	»	+ 0,90	»	»
	89	7,12	6,88	7,48	14,36	13,44	»	»	+ 0,92	»	»
12	116	9,85	7,02	6,88	13,90	12,87	»	»	+ 1,03	»	»
	120	6,88	5,46	5,06	10,52	9,60	»	»	+ 0,92	»	»
20	195	»	»	»	»	»	20,55	15,15	»	20,55	14,73
	196	»	»	»	»	»	18,00	13,18	»	18,00	12,90
	197	»	»	»	»	»	15,47	12,43	»	15,47	11,08
	198	»	»	»	»	»	14,56	11,94	»	14,56	10,45
20	199	»	»	»	»	»	20,71	15,98	»	20,71	14,84
	200	»	»	»	»	»	17,80	14,61	»	17,89	12,82
	201	»	»	»	»	»	17,00	13,75	»	17,00	12,18

Espaces parcourus successivement.	Nombre de secondes employées à les parcourir.
AB = 10	0,285
BC = 10	0,232
CD = 10	0,201
BD = 20	0,433
DE = 20	0,345
Ad = 25	0,618
dE = 25	0,443

Appliquons ces résultats aux expériences, et prenons la dixième pour exemple. Nous voyons que le bateau n°. 2 a parcouru l'espace *BC* en (9,22) demi-secondes, ou en (4,61) secondes; faisons donc cette proportion 232 est à 201, comme (4,61) est à un quatrième terme = (3,99). Ce quatrième terme seroit le tems employé à parcourir l'espace *CD*, si, à partir du point *C*, le mouvement étoit uniformément accéléré. Or le nombre (3,99) ne diffère du nombre (4,61) que de (0,62) secondes. Voilà donc toute la différence qui existeroit entre les tems employés à parcourir les deux espaces consécutifs égaux *BC* et *CD*, dans l'hypothèse où le mouvement seroit uniformément accéléré. Or il ne peut pas l'être, puisque la résistance du fluide a agi. Donc, si elle a fait perdre à cette époque la moitié du mouvement accéléré, la différence ne doit plus être que (0,31) secondes; si elle en a fait perdre le sixième, la différence ne doit pas être de plus de (0,1), à-peu-près, d'une seconde. Or s'il reste encore le sixième de l'accélération, on n'est certainement pas fondé à regarder le mouvement comme uniforme. Donc enfin, pour affirmer que le mouvement est devenu uniforme en *D*, il faut être certain de ne pas s'être trompé dans l'observation des tems de la *dixième partie d'une seconde.*

Voilà pour le milieu des courses, voyons pour la fin.

Nous voyons par un des résultats de la douzième expérience, que le même bateau, n°. 2, a employé (19,90) demi-secondes, ou (9,95) secondes, à parcourir l'espace *Ad*. Faisons donc cette proportion 618 est à 443, comme (9,95) secondes est à un quatrième terme = (7,00). On trouve que si en partant du point *d*, le mouvement étoit uniformément accéléré, le bateau n'auroit employé que 7 secondes à parcourir l'espace *dE*; c'est seulement (2,95) secondes de moins que le tems employé à parcourir l'espace précédent *Ad*, qui est égal à l'espace *dE*; donc il n'y auroit pas tout-à-fait une demi-seconde de différence entre les tems, si le bateau par l'effet de la résistance du fluide n'avoit perdu que les cinq sixièmes de son accélération. Or dans cette hypothèse, on ne seroit pas fondé, comme nous l'avons déja observé, à regarder le mouvement comme uniforme. Donc pour être fondé à le regarder comme tel, à la fin de la course des bateaux, il faut être certain de ne pas s'être trompé d'une demi-seconde, dans tout le cours des observations des tems. Le citoyen Bossut s'est-il donc arrêté dans le plan de ses expériences à une méthode d'observer les tems assez juste *pour être bien certain* de ne pas s'être trompé d'*une dixième partie* de seconde dans le milieu de la course des bateaux, et d'*une demi-seconde* à la fin de la course entière? Si la méthode qu'il a employée pour mesurer le tems, n'a pas cette précision, rien ne peut assurer que le mouvement ait été uniforme à la fin de la course, et par conséquent toutes les conclusions qu'il tire de ses expériences *sont inadmissibles*. Or il s'en faut infiniment que la méthode qu'il a employée pour mesurer le tems ait cette précision requise.

En effet l'ouvrage du citoyen Bossut nous apprend que pour mesurer les tems employés à parcourir les espaces *AB*, *AC*, *AD*, *Ad* et *AE*, il avoit placé sur le bord du canal un observateur à chaque point *A*, *B*, *C*, *D*, *d* et *E*, dont chacun étoit chargé de guetter le passage du bateau dans l'alignement de deux jallons plantés dans la direction perpendiculaire du point où il étoit placé. Quant à la mesure des tems, elle se prenoit au moyen d'un pendule battant les demi-secondes, qui étoit mis en mouvement au moment du départ du bateau du point *O*, et dont un septième observateur comptoit, à haute voix, les oscillations. Il résultoit de cette méthode trois causes d'erreur. 1°. Celle de la fraction de demi-seconde qui devoit être écoulée au moment précis du passage du bateau aux points *B*, *C*, *D*, *d* et *E*; 2°. celle que risquoit de commettre chaque observateur en ne saisissant pas le moment bien précis du passage du bateau; 3°. et celle qui résultoit de la différence du coup-d'œil des observateurs, dont les uns pouvoient l'avoir un peu plus vif, les autres un peu plus lent.

Il a résulté de cette manière d'observer le tems, qu'il s'en faut de beaucoup qu'on ait obtenu dans sa mesure une précision à un dixième de seconde près pour les courses intermédiaires et à une demi-seconde près pour la course entière : car dans cette dernière observation, le résultat dépendoit de trois observateurs, celui placé en *A*, celui placé en *d*, et celui placé en *D*; on ne peut point affirmer que chacun d'eux ne se soit pas trompé d'un tiers de seconde, soit pour n'avoir pas bien saisi le moment précis du passage du bateau, soit pour n'avoir pu tenir compte de la fraction de demi-seconde écoulée au moment du passage, soit enfin pour avoir le coup-d'œil plus vif ou plus lent que les deux autres observateurs, aux observations desquels la sienne est liée. Or un tiers de seconde d'erreur commise par chacun des trois observateurs, produit sur toute la course une erreur totale d'une seconde. L'erreur d'une seconde entière est assez considérable (6) pour ne pouvoir s'assurer s'il reste encore au mouvement le tiers de son accélération; s'il peut rester au mouvement le tiers de son accélération, on n'est nullement fondé à le regarder comme uniforme; et enfin du moment qu'on n'est pas fondé à regarder le mouvement comme uniforme, il n'y a plus de conclusions légitimes à tirer des expériences.

(66) Revenons à présent à notre table. Tout ce que nous venons de dire sur le défaut de précision dans l'observation des tems, est pleinement confirmé par la singulière irrégularité qui règne dans tous les résultats.

La huitième expérience donne d'abord des résultats contradictoires et absurdes. On voit un mouvement très-considérablement retardé (ce qui est cependant impossible) de *B* en *D*, et de *B* en *E*; ensuite (ce qui est contradictoire et absurde) on voit un mouvement un peu accéléré de *A* en *d*, et de *d* en *E*.

On voit la même contradiction et absurdité dans la douzième expérience. Le mouvement est retardé de *B* en *D*, et accéléré de *A* en *E*.

En général le mouvement ne peut jamais être ici retardé, parce que du moment qu'il a perdu son accélération il doit rester uniforme. Cependant il est retardé de *B* en *D*, dans les expériences 1, 3, 7, 8, 12 et 89, et de *B* en *E* dans les expériences 4, 8 et 77.

Il n'y a qu'une seule expérience, la deuxième, où le mouvement paroisse uniforme de *B* en *D*, encore y a-t-il de l'accélération de *B* en *E*. Dans toutes les autres, il est ou retardé, ce qui est impossible, ou accéléré.

Dans l'incertitude où jettent toutes ces retardations ou accélérations, il est difficile de se former une opinion précise sur la nature du mouvement dans des expériences faites avec tant d'inexactitude : cependant en fixant ici son jugement comme dans les affaires douteuses, sur l'avis du plus grand nombre, on est porté à croire qu'il y a encore une accélération très-marquée à la fin du mouvement. Mais cette présomption devient une véritable certitude en jetant les yeux sur les résultats des douze dernières expériences.

Dans les expériences 80, 85, 89, 116 et 120, il y a une trop grande différence dans les tems employés à parcourir les deux espaces égaux *BD* et *DE* pour qu'on puisse regarder le mouvement comme uniforme. Si les observations des tems étoient justes dans les expériences 80, 89, 116 et 120, les différences de tems employés à parcourir les deux espaces égaux *BD* et *DE* ne devroient être dans le cas d'un mouvement uniformément accéléré que de (2,13), (3,02), (2,92), (2,21) demi-secondes. Or notre table nous apprend que ces différences ont été de (0,99), (0,92), (1,03), (0,92) demi-secondes; on voit donc qu'il reste, d'après les observations, près de la moitié de l'accélération dans la quatre-vingtième et cent vingtième expérience, et environ le tiers dans la quatre-vingt-neuvième et la cent seizième expérience. Il s'en faut donc bien que le mouvement puisse être considéré comme uniforme dans les quatre expériences que nous venons d'analyser.

Mais il doit être bien moins encore considéré comme tel dans les sept dernières expériences, qui sont toutes celles du n°. 20, car ici le mouvement a perdu une si petite partie de son accélération qu'on doit bien plutôt le considérer comme étant encore uniformément accéléré, que comme étant devenu uniforme. Prenons en effet la cent quatre-vingt-quinzième expérience. On voit par notre table que si le mouvement étoit uniformément accéléré, l'espace *Ad* ayant été parcouru en (20,55) demi-secondes, l'espace *dE* l'auroit été en (14,73) demi-secondes. Si le mouvement avoit été uniforme, le même espace *dE* auroit été parcouru dans le même tems que l'espace précédent *Ad* qui lui est égal, c'est-à-dire, en (20,55) demi-secondes. Mais il a été parcouru réellement en (15,15) demi-secondes. Or le nombre (15,15) est bien plus près du nombre (14,73) que du nombre (20,55). Donc le mouvement dans la cent quatre-vingt-quinzième expérience est bien plus près d'être encore uniformément accéléré, que d'être devenu uniforme. Il en est de même des expériences 196, 197, 198, 199, 200 et 201.

(67) Concluons enfin de toutes les irrégularités que présentent les résultats des expériences du citoyen Bossut, et de la très-grande accélération qui existe encore dans douze expériences, sur vingt-deux prises au hasard, concluons, dis-je, que pour tirer des conclusions légitimes, d'expériences faites avec des poids moteurs, il faut :

1°. Que les tems soient mesurés avec une très-grande précision, de manière à être bien certain de n'avoir pas un dixième de seconde d'erreur dans les courses intermédiaires, et une demi-seconde à la fin d'une course de 50 pieds.

2°. Et que les espaces parcourus soient très-considérables, égaux à 35 ou 40 fois la longueur des bateaux éprouvés.

Il s'en faut bien que ces deux conditions aient été remplies dans aucune des expériences dont j'ai connoissance. Le tems a toujours été mesuré sans la précision convenable; les espaces parcourus ont toujours été trop petits, de sorte que rien ne pouvant constater l'uniformité du mouvement, et ayant, au contraire, tout lieu de croire qu'il étoit encore, dans toutes ces expériences, très-accéléré à la fin de la course des bateaux éprouvés, il en résulte que toutes les conclusions qu'on en a tirées *sont fausses*, et qu'on n'est nullement fondé à les présenter comme des objections contre ma théorie.

Voyons à présent comment les expériences que j'ai faites en germinal an 8, la prouvent.

CHAPITRE VIII.

Compte des expériences que j'ai faites en germinal de l'an 8.

(68) MON but, lorsque je me suis déterminé à faire des expériences sur la résistance des fluides, a moins été de chercher à démontrer la fausseté de l'ancienne théorie, que de trouver des principes propres à perfectionner l'art important de la construction des vaisseaux, et dès-lors toutes mes recherches ont dû être relatives à la découverte du solide de moindre résistance; or il y a dans la solution de ce problême trois *constantes* qu'il est essentiel de bien établir pour ne jamais les perdre de vûe, savoir, la *longueur*, la *largeur* et le *déplacement* du vaisseau auquel on peut ajouter le *tirant d'eau*, en le limitant à un *maximum* qu'on ne peut dépasser, mais au-dessous duquel on est le maître de se tenir.

En effet, si l'on me donnoit à construire une corvette de 12 canons de 6 livres de balle, et que l'on me demandât une marche extrêmement supérieure, *sans m'astreindre à aucune proportion*, j'aurois un moyen sûr de remplir l'objet qui me seroit proposé : ce seroit de donner à ma corvette les dimensions d'un vaisseau à trois ponts, en combinant la capacité de la carène, de manière qu'au lieu de déplacer trois à quatre mille tonneaux, comme un vaisseau à trois ponts, elle ne déplaçât que quinze à seize cents tonneaux, déplaçement qui suffiroit pour une coque beaucoup plus foible, parce qu'elle ne seroit pas chargée d'artillerie, et pour contenir les munitions de bouche suffisantes à un équipage trois ou quatre fois moins nombreux, et les munitions de guerre qui seroient dix fois moins considérables. Or il résulteroit de cette construction une si prodigieuse diminution dans les capacités de la carène; la stabilité seroit si grande, parce qu'avec un déplacement deux fois moindre, je pourrois conserver la même flottaison; je pourrois faire mon maître couple si fin, et donner une telle aiguité à mes *lignes d'eau* de proue et de poupe, qu'à coup sûr un semblable navire auroit une marche extraordinairement supérieure à celle des plus fins voiliers actuels. Mais au lieu de coûter 100 mille francs, comme les corvettes de 12 canons, il coûteroit 7 à 8 cent mille francs; et il n'y a aucune puissance maritime en état de payer une marine si chère, si on laissoit aux constructeurs la faculté d'outrer ainsi les dimensions des vaisseaux relativement à leur port, ou à leur destination.

Cet exemple extrême prouve que le problême du solide de moindre résistance doit être ramené à cette question. *Le port d'un vaisseau étant donné, ainsi que sa largeur et sa longueur, et une limite étant assignée à son tirant d'eau, déterminer la figure qui éprouve le moins de résistance, en conservant néanmoins toutes les autres qualités nécessaires à une bonne navigation.*

En conséquence de cet énoncé du problême à résoudre pour arriver à la perfection de l'architecture navale, je n'ai éprouvé que des modèles ayant tous la même longueur, la même largeur, déplaçant très-exactement le même volume d'eau, et dont le tirant d'eau n'a jamais atteint la demi-largeur des modèles.

(69) Mes expériences n'ont point été faites par des poids moteurs, parce qu'il résulte de tout ce que j'ai dit plus haut que, pour que dans ce système d'expériences on puisse arriver à des conclusions légitimes, il faut un appareil extrêmement dispendieux auquel mes facultés ne me permettoient pas de songer. Le système d'expériences auquel j'ai été en conséquence forcé de me restreindre ne m'a pas donné la connoissance des résistances absolues, ni même de leurs véritables rapports; mais il n'en a pas moins résulté, comme on le verra, des comparaisons propres à conduire immédiatement à des conclusions très-importantes, et à jeter un très-grand jour sur les moyens de parvenir à perfectionner singulièrement l'architecture navale.

J'ai pris les plus justes mesures pour bien constater l'authenticité de mes expériences. Trois professeurs de mérite, les citoyens Solages, de Trouville et Dumas, ont consacré deux matinées entières à leur vérification, et en ont signé un procès-verbal que j'ai entre les mains. En outre trois membres de l'Institut national, les citoyens de Prony, la Croix et Bougainville, ont été témoins de ces expériences, les ont examinées et vérifiées dans le plus grand détail, et attesteront la vérité, s'ils en sont requis.

J'observerai enfin que l'extrême précision avec laquelle mes expériences ont été faites, *et l'égalité constante de mes résultats, aussi souvent que les mêmes expériences ont été répétées*, ne donnent point lieu de regarder comme fondée l'objection qu'on pourroit me faire que j'ai opéré trop en petit. Ce n'est point à la grandeur des expériences, mais à leur exactitude qu'on peut devoir la certitude de leurs résultats. Il importe peu que les modèles aient quatre pouces de largeur comme dans mes expériences, sept à huit pouces comme dans celles de Chapman, ou un pied et vingt pouces comme dans celles du citoyen Bossut; toutes ces dimensions sont si éloignées de celles des vaisseaux, qu'on ne peut pas dire en quelque sorte qu'on opère plus en grand d'une manière que de l'autre. La seule chose essentielle, c'est que le mode des expériences soit combiné de manière à ne pas donner lieu à des erreurs, pouvant avoir une influence marquée sur les résultats. Nous avons démontré plus haut combien cette considération rend difficiles les expériences faites avec des poids moteurs. Voilà pourquoi j'ai rejeté ce mode, non que je croie le mien préférable (car celui des poids moteurs vaut, au contraire, bien mieux, puisqu'il fait connoître les résistances absolues, aussi me proposé-je d'y revenir un jour), mais parce que j'avois besoin, comme je l'ai dit, d'un mode qui en exigeant peu de dépense, donnât une précision suffisante pour conduire à des résultats incontestables. Or tous les géomètres qui ont suivi mes opérations, les citoyens de Prony, la Croix, Bougainville, Solages, de Trouville et Dumas ont eu la preuve qu'il n'y a pas eu dans mes expériences une erreur d'un quart de seconde, et que cette erreur n'a pu avoir d'influence sensible sur les résultats.

Entrons à présent en matière.

(70) Les modèles que j'ai éprouvés avoient tous exactement *quinze pouces trois lignes* de longueur et *quatre pouces* de largeur, à l'exception d'un seul, celui indiqué

ci-après sous le n°. 16, qui avoit la même largeur de quatre pouces, mais une longueur de vingt-deux pouces.

Tous ont été chargés de manière à peser très-exactement *deux livres*, et par conséquent à déplacer un même volume de fluide, constamment égal pour tous les modèles.

La désignation que nous allons donner des formes de tous ces modèles deviendra extrêmement claire par la seule inspection des figures contenues toutes dans la même case, indiquée sous le n°. 4 dans la planche première.

N°. 1. Parallélipipède rectangle.

N°. 2. Parallélipipède rectangle dans le milieu, proue et poupe angulaires, dans le sens horisontal seulement, composées de deux surfaces planes verticales, formant un angle entr'elles.

N°. 3. Proue et poupe angulaires dans le sens horisontal seulement, composées de deux surfaces courbes verticales, formant un angle entr'elles.

N°. 4. Proue et poupe formées par un plan incliné à l'horison.

N°. 5. Proue et poupe formées par une surface courbe inclinée à l'horison.

Il faut observer que les proues et les poupes des n°s. 2, 3, 4 et 5, ont toutes une même longueur *FG* de 3 pouces. La hauteur *AB* de l'inclinaison des n°s. 4 et 5 est de 2 pouces, d'où il résulte que les incidences horisontales des n°s. 2 et 3 sont égales aux incidences verticales des n°s. 4 et 5.

N°s. 6 et 7. Bateaux dans la forme du n°. 3, mais dont la proue et la poupe, égales entr'elles, sont plus allongées ; leur longueur est de

$4\frac{1}{2}$ pouces pour le n°. 6.

6 pouces pour le n°. 7.

Nos. 8 et 9. Bateaux dans la forme du no. 5, mais dont la proue et la poupe, égales entr'elles, sont plus allongées ; leur longueur est de

$4\frac{1}{2}$ pouces pour le no. 8.
6 pouces pour le no. 9.

Nos. 10, 11 et 12. Bateaux dans la forme du no. 3, ayant tous une même proue *FG* de 3 pouces de longueur, mais ayant des poupes *fg* de différentes aiguités.

La poupe du no. 10 cylindrique a	2	pouces de longueur.
Celle du no. 11	4	
Celle du no. 12	6	

No. 13. Bateau ordinaire de rivière dont la proue et la poupe sont formées par trois plans rectilignes, se rencontrant dans un point *A* élevé de deux pouces au-dessus du fond du bateau.

No. 14. Bateau dont une des extrémités est formée comme au no. 13, par la rencontre de trois plans rectilignes, mais dont l'autre extrémité est formée par trois surfaces courbes, se rencontrant en un même point *A*, élevé aussi de 2 pouces au-dessus du fond du bateau. Les deux arêtes vives *rs* et *vt* que ces trois surfaces courbes forment par leur rencontre, ont été adoucies et arrondies autant que possible. Le bateau est le no. 14 lorsque c'est la partie arrondie qui forme la proue ; c'est le

No. 15. Lorsque cette partie arrondie forme la poupe.

No. 16. C'est le no. 13, porté à la longueur de 22 pouces avec la même proue, et la même poupe.

No. 17. Modèle d'une frégate très-fine construite dans la forme ordinaire, d'après les plans de l'Iphigénie.

Je répète ici, comme une chose très-importante à ne

point oublier que tous ces modèles ont été pesés avec la plus grande exactitude, de manière à déplacer très-exactement le même volume d'eau.

Ils ont été mûs dans un bassin long de quinze pieds, et large de vingt-sept pouces, la profondeur de l'eau étoit de dix pouces.

La puissance motrice a été un balancier vertical chargé d'un poids qui a été constamment le même pour tous les modèles. Le mouvement a été communiqué aux modèles par l'intermédiaire d'une traverse horisontale, laquelle recevant son mouvement du balancier, le communiquoit immédiatement aux modèles.

Les plus justes précautions ont été prises pour que l'action du balancier fut constamment la même dans toutes les expériences.

Les modèles poussés par la traverse horisontale ont été livrés à eux-mêmes, et on a mesuré avec un pendule battant à-peu-près les demi-secondes, le tems qu'ils ont employé à parcourir un même espace, qui a été dans toutes les expériences de 6 pieds 8 pouces 6 lignes.

Les modèles livrés à eux-mêmes ont été maintenus dans la direction droite entre deux fils de laiton placés horisontalement à quelques lignes au-dessus du niveau de l'eau, et qui étoient fortement tendus. L'intervalle entre les deux fils étoit environ d'un quart de ligne plus considérable que la largeur des bateaux, de sorte qu'existant de chaque côté entre le bateau, et chaque fil de laiton un huitième de ligne de jeu, il ne pouvoit y avoir de frottement sensible.

(71) Il résulte de la nature de ces expériences que je n'ai pu obtenir qu'un mouvement retardé, et que par

RÉSULTATS DES EXPÉRIENCES.

Numéros des bateaux éprouvés.	Enfoncement dans l'eau.	Surfaces des maîtres couples.	Tems employés à parcourir un espace de 6 pi. 8 po. 6 lig.
	Pouces.	Pouces carrés.	Nomb. d'oscillations.
1	0,83	3,32	27 ½
2	1,07	4,28	18
3	0,94	3,76	17
4	1,17	4,68	18
5	1,07	4,28	14
6	1,02	4,08	14 ½
7	1,15	4,60	13 ¾
8	1,20	4,80	12 ½
9	1,36	5,44	11 ½
10	0,90	3,60	18 ¼
11	1,00	4,00	16 ½
12	1,08	4,32	15 ½
10 Retourné.	0,90	3,60	18
11 Retourné.	1,00	4,00	16 ½
12 Retourné.	1,08	4,32	15 ½
13	1,22	4,88	18
14	1,13	4,52	14 ½
15	1,13	4,52	15 ½
16	0,70	2,80	14
17	1,95 1,65	4,78	10 ¾

conséquent aucune des expériences ne me donne la mesure de la résistance; mais ayant pris les plus justes précautions pour que tous les modèles fussent exactement du même poids, il s'en suit que la résistance d'inertie a été constamment la même dans toutes les expériences. Par conséquent les différences de tems employés par les différens modèles à parcourir le même espace, sont le seul effet des différences qui ont existé entre les résistances que le fluide a opposées à leur mouvement. Cette résistance du fluide a donc été moindre dans tous les modèles qui sont arrivés plus vîte au but, et elle a été d'autant moindre qu'ils sont arrivés plus vîte au but.

(Voyez le tableau ci-joint).

CHAPITRE IX.

Principes généraux résultant des expériences exposées dans le chapitre précédent.

(72) Le parallélipipède rectangle est des 18 modèles ayant le même déplacement, celui dont le maître couple a le moins de surface : sa résistance est incomparablement plus grande que celle de tous les autres modèles ; concluons donc le

PREMIER PRINCIPE.

Il ne suffit pas de donner au maître couple une très-petite surface ; il faut encore de l'aiguité à la proue et à la poupe.

(73) L'intelligence de tout ce qui va être dit sera beaucoup plus facile, si, à chaque modèle dont le n°. est cité, on consulte la planche pour se rappeler sa forme.

Les n°s. 2, 4 et 13, n'ont que des incidences rectilignes, savoir, celles du n° 2, dans le sens horisontal seulement ; celles du n°. 4, dans le sens vertical seulement ; et celles du n°. 13, dans le sens horisontal et vertical en même tems. Du reste les angles d'incidences sont tous égaux. Or ces trois modèles ont éprouvé une égale résistance. Il paroît donc, à l'égard des incidences rectilignes, qu'elles diminuent également la résistance dans quelque sens qu'elles aient lieu : voyons ce qui arrive à l'égard des incidences curvilignes.

Le n°. 3, comparé au n°. 2, éprouve un peu moins de résistance, dans le rapport de 17 à 18 (on sent bien que je ne m'explique ainsi que pour éviter de très-longues circonlocutions, et que je ne prétends pas que les résistances soient proportionnelles aux tems). Le n°. 5, comparé au n°. 4, en éprouve moins dans un plus grand rapport, celui de 14 à 18. Le n°. 14, moins que le n°. 13, dans le rapport de 14 ½ à 18. Or ces six numéros ont des proues de même longueur, lesquelles ne diffèrent entr'elles qu'en ce que trois ont des incidences rectilignes, et trois des incidences curvilignes. Les trois qui ont des incidences rectilignes éprouvent plus de résistance que les trois qui ont des incidences curvilignes, et la cause en doit être sûrement attribuée aux vives arêtes formées par les incidences rectilignes, et qui présentent un obstacle à l'écoulement du fluide. Concluons donc le

SECOND PRINCIPE.

Les incidences rectilignes, et les vives arêtes auxquelles elles donnent lieu, doivent être évitées avec soin dans la construction des vaisseaux et des bateaux.

(74) Ainsi les incidences ne doivent être dans la construction des vaisseaux que des lignes courbes se raccordant toutes tangentiellement les unes avec les autres.

(75) Les nos. 3, 6 et 7, ont les mêmes longueurs cor-

respondantes de proue et de poupe, que les n°s. 5, 8 et 9; les contours des courbes qui forment les incidences de ces six modèles, sont parfaitement égaux entr'eux, de sorte que ces modèles ne diffèrent entr'eux qu'en ce que les incidences des n°s. 3, 6 et 7 sont dans le sens horisontal, tandis que les incidences des n°s. 5, 8 et 9 sont dans le sens vertical. Or la résistance du n°. 5 est moindre que celle du n°. 3, dans le rapport de 14 à 17; celle du n°. 8, est moindre que celle du n°. 6, dans le rapport de $12\frac{1}{2}$ à $14\frac{1}{2}$; et celle du n°. 9, est moindre que celle du n°. 7, dans le rapport de $11\frac{1}{2}$ à $13\frac{3}{4}$; concluons donc ce

TROISIÈME PRINCIPE.

Les incidences dans le sens vertical diminuent beaucoup plus la résistance que les incidences dans le sens horisontal.

Ce principe est entièrement nouveau, et il suffiroit de sa seule découverte pour rendre mes expériences extrêmement précieuses, car nous verrons ci-après que son application à la construction des vaisseaux, va opérer une véritable révolution dans cette science, en la portant rapidement à un haut degré de perfection (1). Mais avant d'expliquer ceci, continuons de développer nos principes.

(1) Il est essentiel d'observer ici que la surface du maître couple du n°. 5 est plus considérable que celle du maître couple du n°. 3; celle du n°. 8, que celle du n°. 6; et celle du n°. 9, que celle du n°. 7. Ainsi c'est le seul avantage des incidences verti-

(76) Le n°. 14, comparé au n°. 13, a la même poupe, et n'en diffère qu'en ce que sa proue est composée de trois surfaces courbes, dont les deux arêtes vives formées par leur intersection, ont été arrondies, tandis que la proue du n°. 13, est formée par la rencontre de trois surfaces planes. De cette différence de configuration dans la proue seulement, a résulté une différence très-grande dans les résistances, puisque le rapport des tems a été de $14\frac{1}{2}$ à 18.

D'un autre côté, le n°. 15, comparé au n°. 13, a au contraire la même proue que ce n°. 13, et n'en diffère que par la configuration de sa poupe, faite comme la proue du n°. 14. De cette différence de configuration seulement dans la poupe, a résulté encore une différence très-grande dans les résistances, puisque le rapport des tems employés à parcourir le même espace a été de $15\frac{1}{2}$ à 18.

Donc un autre bateau qui auroit eu en même tems la poupe et la proue faites comme est faite la proue seulement du n°. 14, ou la poupe seulement du n°. 15, auroit mis beaucoup moins de $14\frac{1}{2}$ oscillations à parcourir le même espace. En faisant cette proportion

$$18 : 15\tfrac{1}{2} :: 14\tfrac{1}{2} : \text{un quatrième terme} = 12\tfrac{1}{2} \text{ à-peu-près},$$

il y a lieu de croire que ce troisième bateau n'auroit employé que $12\frac{1}{2}$ oscillations à parcourir le même espace.

---

cales sur les incidences horisontales, et nullement le moins de superficie du maître couple, qui est la seule cause de la diminution de la résistance. Bien loin de là, la résistance eût été bien moindre encore, si, à incidences verticales égales, on eut conservé la même superficie des maîtres couples.

Ce n'est pas tout : on est encore fondé à croire par des raisons qu'il seroit trop long de développer ici, que si au lieu de faire le maître couple un rectangle, on l'eût terminé en bas par une ellipse très-surbaissée, pour faire disparoître les deux angles inférieurs du rectangle, la résistance eût été encore diminuée très-considérablement, et cela en conservant le même port ; mais en tirant seulement un peu plus d'eau.

Or un bateau ainsi construit, qui n'auroit employé que 11 à 12 oscillations à parcourir le même espace que le bateau n°. 13 a parcouru en 18 oscillations, et qui auroit eu cependant la même longueur, la même largeur, le même tirant d'eau, et le même déplacement que ce n°. 13, auroit donc éprouvé une résistance bien moins considérable que lui : cette résistance n'eût pas été très-différente de celle qu'a éprouvée le modèle de la frégate qui a employé près de 11 oscillations à parcourir le même espace et par conséquent :

QUATRIÈME PRINCIPE.

On peut donner aux bateaux de rivière une forme qui, en conservant les mêmes dimensions, en ne diminuant pas leur port, et n'augmentant que peu leur tirant d'eau, réduise très-considérablement, peut-être au quart, ou moins encore, l'effort de leur tirage.

On sent toute l'importance de ce principe pour la navigation des rivières. Elle emploie souvent, telle que celle de la Seine, 20 à 22 chevaux, quand cinq ou six suffiroient.

Il y a des rivières, telles que le Rhône, qu'il est très-difficile, quelquefois même impossible, de remonter à cause de la rapidité du courant. En combinant le troisième principe avec le quatrième, pour augmenter considérablement l'incidence dans le sens vertical, sauf à perdre un peu sur la quantité du chargement, je ne doute pas qu'on ne puisse venir à bout de faire des bateaux propres à remonter les rivières les plus rapides. J'observerai ici en passant, que les barques hollandaises destinées à transporter des passagers, ont précisément la forme que je prescris ici, relativement aux incidences dans le sens vertical, et quoiqu'elles naviguent souvent sur des canaux très-étroits, leur tirage est si facile qu'un seul cheval les conduit toujours au trot.

(77) N'oublions pas d'exposer ici une conséquence de notre second principe : c'est qu'au lieu de terminer les piles des ponts angulairement par deux lignes droites, comme on le fait ordinairement, il vaut mieux les terminer angulairement par deux lignes courbes se terminant tangentiellement à la direction du courant. Il en résultera, d'une part, moins d'efforts sur les piles, et de l'autre, un courant plus égal et moins rapide sous les voûtes des arches.

(78) Les n°s. 10, 3, 11 et 12, ont tous les quatre la même proue, et ne diffèrent entr'eux que par le plus ou le moins d'aiguité de leur poupe. Les tems employés par ces quatre modèles à parcourir le même espace sont d'autant plus longs que les poupes sont plus obtuses Concluons donc ce

CINQUIÈME PRINCIPE.

Plus la poupe est amincie, la proue restant la même, plus la résistance diminue (1).

(79) En retournant les n°s. 10, 11 et 12, ils se trouvent avoir la même poupe que le n°. 3, dont ils ne diffèrent alors que par la configuration de la proue. Or ces quatre proues différentes ont éprouvé d'autant plus de résistance qu'elles sont plus obtuses. Concluons donc ce

SIXIÈME PRINCIPE.

Plus la proue est amincie, la poupe restant la même, plus la résistance diminue.

(80) Le bateau n°. 16, comparé au n°. 13, a la même poupe et la même proue, et il n'en diffère qu'en ce qu'il est plus long. La moindre résistance qu'il éprouve ne peut donc être attribuée qu'à la grande diminution de la superficie du maître couple. Les surfaces des maîtres couples sont comme 488 : 280. Si l'on établit l'hypothèse que

(1) Remarquons encore ici, comme nous l'avons déja fait à l'article 75, que ce sont précisément les modèles dont la superficie du maître couple est la plus grande, qui éprouvent le moins de résistance. Par conséquent l'amincissement de la poupe est dans les présentes expériences la seule cause de la diminution de la résistance.

Ce principe avoit été soupçonné par d'habiles constructeurs, mais n'avoit point encore été démontré. Il est d'une haute importance.

les résistances sont proportionnelles aux quarrés des tems, qui sont ici 18 et 14, les résistances seroient comme 324 : 196, ou comme 488 : 295. Il paroîtroit donc que dans le cas actuel, les résistances sont dans un rapport un peu plus grand que les surfaces, ce qui ne peut provenir que de ce que le bateau n°. 16 est plus long que le bateau n°. 13; mais comme la différence est peu considérable, on paroît fondé à en conclure :

1°. Que toutes choses égales d'ailleurs les résistances sont proportionnelles aux surfaces.

2°. Que lorsqu'on conserve les mêmes incidences à la proue et à la poupe des vaisseaux, leur allongement augmente peu la résistance.

Au reste, je ne compte point ces deux conclusions au nombre des principes résultans de mes expériences, parce qu'elles sont fondées sur une hypothèse qui n'est point démontrée. Je me borne à établir comme tel, une conséquence nécessaire de l'expérience du n°. 16.

SEPTIÈME PRINCIPE.

L'allégissement des vaisseaux diminue beaucoup la résistance.

CHAPITRE X.

Application des principes à la construction des vaisseaux.

(81) DÉFINITIONS. La section verticale faite perpendiculairement à la quille dans le sens de la largeur à l'endroit le plus gros du vaisseau, s'appelle *maître couple*, et toutes les autres sections semblables en avant et en arrière du maître couple, lesquelles diminuent de surface en s'approchant des extrémités, s'appellent *couples*.

Toutes les sections horisontales du vaisseau, s'appellent *lignes d'eau horisontales*; et celle qui se trouve dans le plan du niveau général de la mer, s'appelle *flottaison*.

Les sections verticales faites dans le sens de la longueur parallèlement à la quille, à différentes distances à droite et à gauche de cette quille (les correspondantes de droite et de gauche étant parfaitement égales), s'appellent *lignes d'eau verticales*.

Fig. 5. (82) $aKeFHIb$ représente la section longitudinale et verticale du bateau de mes expériences désigné sous le n°. 9, de sorte qu'on a (les mesures sont en pouces) $ab = (15{,}25)$ $aC = Db = 6$; $cD = eF = (3{,}25)$; et $Ep = Fq = 2$.

La ligne droite IH, est la flottaison. Ainsi, puisque

l'enfoncement de ce bateau est de (1,36) pouces, on a $EP = FQ = (1,36)$.

Ce bateau n'ayant d'incidence que dans le sens vertical, on voit : 1°. que tous les couples sont des rectangles ayant tous la même largeur $RS = 4$ (*fig.* 7) ; et la même hauteur entre les deux maîtres couples égaux *gh* et *GH* (*fig.* 6) ; mais les hauteurs diminuent ensuite à mesure que ces couples s'éloignent de *gh* et *GH* pour s'approcher des extrémités. 2°. Que toutes ses *lignes d'eau horisontales* sont encore des rectangles ayant tous la même largeur $AB = BC$ (*fig.* 6) $= AB$ (*fig.* 7), mais dont les longueurs diminuent à mesure qu'elles s'abaissent au-dessous de la ligne d'eau *Kl* (*fig.* 5). 3°. Et que toutes ses *lignes d'eau verticales*, toutes égales entr'elles, ont la forme *aKIeFHl*, dont le contour inférieur est composé dans sa partie la plus basse d'une horisontale *EF*, et de deux arcs de cercle égaux *eIK*, *FHl*.

Supposons à présent que sans rien toucher encore aux contours de cette forme, ni à son enfoncement *IH*, nous alongions ce bateau en portant sa poupe de *ceIKa* en *dfikA*, de sorte que l'alongement $cd = (3,49)$. La longueur totale *Ab* du nouveau bateau sera alors égale à (18,74). Ce nouveau bateau, comparé au n°. 9, seroit donc plus court d'environ $3 \frac{1}{4}$ à-peu-près, que le bateau n°. 16. Or nous avons vu (80), qu'avec la même proue et la même poupe, une augmentation de moitié à-peu-près dans la longueur, en produit très-peu dans la résistance. Donc le bateau *AkfFlb*, beaucoup moins long proportionnellement que le bateau n°. 16, n'éprouvera qu'une très-foible augmentation de résistance comparativement au bateau *aKeFlb*. Mais ce dernier bateau a employé $11 \frac{1}{2}$ oscillations à parcourir un espace que le modèle de l'Iphigénie a parcouru en 10 $\frac{3}{4}$ oscillations. Il n'y a donc eu entre les tems que la différence qu'il y a entre les deux nombres 105 et 100 à-peu-près. Ainsi le bateau n°. 9, a été très-près d'éprouver la même résistance que la frégate. Donc le bateau *AkfFlb*, seroit aussi très-près d'éprouver la même résistance.

Faisons à présent à cette forme des changemens successifs qui finissent par la rendre propre à la navigation maritime.

1°. Changeons d'abord la poupe, en lui donnant par dessous le contour très-aigu *GonE* au lieu du contour beaucoup plus obtus *kif*, de manière que la nouvelle poupe ait une longueur $GP = (10{,}06)$ au lieu de la longueur $GI = 6$. Il résulte du cinquième principe (*art.* 78) que la résistance sera beaucoup diminuée par ce premier changement, qui du reste laisse entièrement rectangulaires tous les couples et toutes les lignes d'eau horisontales.

Il est vrai que les expériences qui ont conduit au cinquième principe, n'ont eu pour objet que des incidences horisontales, et qu'il s'agit ici d'incidences verticales ; mais puisque d'une part, l'amincissement de la poupe par des incidences horisontales diminue très-considérablement la résistance, et que, de l'autre part, notre troisième principe (*art.* 75) prouve que les incidences dans le sens vertical diminuent beaucoup plus la résistance que celles dans le sens horisontal, il faut en conclure *à fortiori*, que l'amincissement actuel dans le sens vertical, diminuera encore plus la résistance que l'amincissement dans le sens horisontal. Ainsi qu'on pèse bien les résultats des expériences citées audit article 78 ; qu'on réfléchisse en vertu des expériences de l'article 75, combien l'amincissement de la poupe dans le sens vertical, tel que nous l'opérons ici, eût encore plus diminué la résistance, s'il avoit été l'objet de nos expériences, et l'on sera convaincu que le changement dont il est actuellement question, suffiroit seul pour diminuer la résistance de notre bateau au point de la rendre déja considérablement moindre que celle de la frégate, puisqu'auparavant celle de la frégate étoit de très-peu de chose moindre que celle du bateau.

2°. Ce premier changement opéré dans la forme du bateau primitif n°. 9, toutes les lignes d'eau de proue sont encore rectangulaires. La flottaison *QH* (*fig.* 5) est le rectangle *GBCH* (*fig.* 6), et les lignes d'eau horisontales *Zm* (*fig.* 5) sont les rectangles *GpqH* (*fig.* 6) : au lieu de ces rectangles, donnons à présent aux lignes d'eau horisontales de proue (*fig.* 6) les formes *GaKbH*, *GarbH*. Il résulte du sixième principe (*art.* 79), que cette aiguité de la proue diminuera beaucoup la résistance.

Puisque *GH* (*fig.* 5) est la ligne de flottaison, la partie *BHlb* est entièrement hors de l'eau. Nous pouvons donc la supprimer, et terminer l'avant par une ligne verticale *BH* (qu'on appelle *étrave*), à laquelle viendront aboutir toutes les lignes d'eau horisontales supérieures à la flottaison. Puisque ces lignes d'eau sont au-dessus de la flottaison, il n'y a aucun inconvénient à les faire d'autant plus obtuses qu'elles s'élèvent davantage, de manière que celle (*fig.* 6) *feKef*, qui correspond au pont supérieur soit très-obtuse, tant pour procurer plus d'emplacement à ce pont, que pour mieux soutenir la proue dans les balancemens du tangage, par le renflement supérieur des couples de l'avant.

Puisque dans la construction de notre bateau primitif (*fig.* 5) *a KIeFHlb*, la courbe *FHl* est un arc de cercle, et qu'on a $Fq = 2$, $ql = 6$, $FQ = (1,36)$, il est facile de trouver que *QH* = (5,03), et par conséquent que *Bb* = (0,97). Donc la longueur du bateau qui n'est plus que *AB*, est égale à (17,77), puisque *Ab* = (18,74). La longueur *QH* de la nouvelle proue n'étant plus que de 5,03, et ayant fait plus haut la longueur *PG* de la proue = 10,06, on voit que la poupe est deux fois plus longue que la proue, et que l'intervalle qui reste entre les deux maîtres couples *EC* et *FD* n'est plus que 2,68.

3°. Nous venons de rendre toutes les lignes d'eau horisontales de proue de notre bateau, angulaires et curvilignes, mais toutes les lignes d'eau horisontales de poupe sont encore rectangulaires. Le rectangle *EADF* (*fig.* 6) est la flottaison *PG* (*fig.* 5), et les rectangles *EtsF* (*fig.* 6), sont les lignes d'eau représentées dans la fig. 5 par les horisontales *Uo*. Opérons donc à présent sur la poupe comme nous avons opéré sur la proue, en rendant toutes les lignes d'eau angulaires curvilignes, avec l'attention de les recreuser à leurs extrémités, ce qui est nécessaire pour l'action du gouvernail. Notre cinquième principe (*art.* 78) fait voir combien ce troisième changement diminuera encore la résistance.

4°. Enfin il ne nous reste plus à opérer que sur les couples. Le maître couple est encore un rectangle *AVTB*; et tous les autres couples sont de même des rectangles qui diminuent seulement de largeur et de hauteur, à mesure qu'ils approchent des extrémités. Changeons donc cette forme en la manière indiquée par la figure 7, en arrondissant d'abord le maître couple aux deux angles *V* et *T*, par deux quarts de cercle *RxC* et *SyD*, de manière à ce qu'il ne reste plus sous le maître couple qu'une partie horisontale *CD* égale à la moitié seulement de la largeur ou *maître bau RS*; et ensuite en terminant angulairement et par degrés tous les autres couples en b, c, d, etc., de manière que les derniers couples de l'avant et de l'arrière aient la forme $IPdQK$, terminée en bas par un angle rectiligne PdQ d'autant plus aigu que les couples approchent plus des extrémités. Ce dernier changement doit diminuer encore la résistance par deux raisons : 1°. parce que toutes les lignes d'eau verticales comprises entre le point n et le point S, et entre le point m et le point R, diminuant de hauteur, en suivant le contour des deux quarts de cercle RxC, SyD, au lieu de partir toutes de l'horisontale VT, sont beaucoup plus aiguës; 2°. et parce que toutes les lignes d'eau horisontales au-dessous de la flottaison RS, diminuent de largeur, et que conservant les mêmes longueurs, elles sont aussi plus aiguës.

(83) Récapitulons enfin l'effet de tous ces changemens.

Le bateau n°. 9 éprouve une résistance qui est peu supérieure à la résistance du modèle de l'Iphigénie. Or il résulte de tous les changemens faits à cette forme :

1°. *Une poupe deux fois plus aiguë dans le sens vertical.* Le n°. 3 et le n°. 12 ont eu la même proue. La poupe du n°. 3 étoit comme ici deux fois plus courte que la poupe du n°. 12, et les tems employés par ces deux bateaux, ont été comme 17 à $15\frac{1}{2}$.

2°. *Une poupe très-aiguë dans le sens horisontal, tandis qu'elle étoit toujours rectangulaire dans ce sens.* Cette seconde cause de diminution de résistance, doit évidemment être beaucoup plus puissante que la première.

3°. *Une proue très-aiguë dans le sens horisontal, tandis qu'elle étoit toujours rectangulaire dans ce sens.* Cette cause de diminution de résistance doit, comme la seconde, être très-puissante.

4°. *Une augmentation considérable d'aiguité dans les lignes d'eau horisontales de poupe et de proue, en vertu de la diminution des largeurs du maître couple au-dessous de la flottaison.*

5°. *Enfin une augmentation considérable d'aiguité dans les lignes d'eau verticales placées entre les points* m *et* n (fig. 7) *et les extrémités* R *et* S *de la largeur, en vertu des arrondissemens* RxC *et* SyD.

Puisque chacune de ces causes, éprouvée séparément, a diminué considérablement la résistance dans toutes les expériences dont j'ai rendu compte, il est évident que leur réunion doit nécessairement produire une très-grande diminution de résistance, et que par conséquent le nouveau bateau doit aller beaucoup plus vîte que le bateau n°. 9. Mais la vîtesse qu'a eue celui-ci dans nos expériences, a très-approché de la vîtesse de l'Iphigénie; donc notre nouveau bateau, en vertu de tous les changemens que nous avons faits, doit éprouver une résistance incomparablement moindre que celle du modèle de l'Iphigénie. En effet, si l'on réfléchit que la seule différence de l'incidence des lignes d'eau verticales, entre notre type n°. 1 et le modèle n°. 9, a établi entre les tems employés à parcourir un même espace, l'énorme différence de 27 ½ à 11 ½; que cette même différence des tems a été de 17 à 11 ½ entre les n°s. 3 et 7, qui ne diffèrent entr'eux que par l'aiguité de leurs lignes d'eau horisontales; qu'elle a été de 14 à 11 ½ entre les n°s. 5 et 9, qui ne diffèrent entr'eux que par l'aiguité de leurs lignes d'eau verticales; qu'elle a été de 27 ½ à 17 entre le n°. 1 et le n°. 3, qui ne diffèrent entr'eux que parce que les lignes d'eau horisontales de l'un sont rectangulaires, tandis que celles de l'autre sont angulaires curvilignes, et cependant encore très-obtuses ; enfin qu'elle a été de $18\frac{1}{4}$ à $15\frac{1}{2}$ entre le n°. 10 et le n°. 12, qui ne diffèrent entr'eux (ayant la même proue) que par la seule aiguité de leur poupe ; on sera pleinement convaincu que puisque le bateau n°. 9 a employé $11\frac{1}{2}$ oscillations à parcourir un espace donné, notre nouveau bateau, s'il avoit été éprouvé, n'auroit sûrement pas employé plus de 7 à 8 oscillations à parcourir le même espace ; et par conséquent, puisque le modèle de l'Iphigénie a employé $10\frac{3}{4}$ oscillations à parcourir cet espace, il faut nécessairement en conclure que la résistance de notre nouveau bateau doit être tellement inférieure à celle du modèle de l'Iphigénie, qu'un vaisseau qui auroit cette forme marcheroit incomparablement mieux que la frégate actuelle la plus fine voilière.

(84) Cette nouvelle théorie, qu'aucun constructeur de bonne foi ne peut me contester, a pour bases fondamentales deux principes, dont l'un est entièrement nouveau, et dont l'autre, quoique soupçonné depuis longtems par d'habiles constructeurs, n'avoit cependant reçu qu'une foible application. Le principe nouveau, c'est que les incidences dans le sens vertical contribuent beaucoup plus à la diminution de la résistance, que les incidences dans le sens horisontal. Or celles-ci procurent au vaisseau la facilité de fendre le fluide, et celles-là, la facilité de glisser dessus. C'est donc beaucoup plus à procurer la faculté de glisser sur le fluide, qu'à procurer celle de le fendre, que consiste la perfection de l'architecture navale. Voilà pourquoi dans ma construction le dessous de la proue est terminé par une courbe *FmmH* (*fig.* 5), qui part du maître couple de l'avant, et se relève jusqu'à l'étrave de manière que la hauteur *HY* ne soit que le quart de la longueur *FY*

de la proue. Il résulte de cette construction que tous les couples sont extrêmement plats dans les quatre cinquièmes de la longueur du navire, et que les lignes d'eau horisontales depuis la flottaison jusqu'à la moitié du tirant d'eau sont aussi aiguës que dans la construction ordinaire, mais que celles d'en bas sont très-obtuses, tandis que dans la construction ordinaire où l'on n'est occupé que de la division du fluide, elles sont extrêmement aiguës.

Le second principe c'est qu'une poupe extrêmement aiguë est singulièrement propre à diminuer la résistance. Voilà pourquoi dans ma construction, la longueur *EX* de la poupe est double de la longueur *FY* de la proue. Du reste, la hauteur *GX* de la courbe de poupe *EooG* est égale à la hauteur *HY* de la courbe de proue.

(85) J'observerai en passant qu'on pourroit craindre que la grande aiguité de la poupe que mes expériences démontrent être si favorable à la rapidité du sillage, n'eût l'inconvénient de porter le centre de gravité de la carène trop en avant, ce qui nuiroit au balancement des voiles Mais j'ai prévenu cet inconvénient en ne donnant la grande aiguité que dans le bas de la poupe, par le grand élancement de la courbe *EooG*, et en donnant un très-grand renflement aux lignes d'eau horisontales de poupe qui avoisinent la flottaison. Il résulte de là que le centre de gravité de la carène n'est pas en avant du milieu de la flottaison de plus d'une quarantième partie de la longueur de cette flottaison, et en le maintenant ainsi à la place qui lui convient, je me procure l'avantage précieux d'un plan de flottaison qui a beaucoup plus de surface que dans la construction ordinaire, d'où résulte une stabilité telle que mes vaisseaux sont en quelque sorte inchavirables.

(86) Quelle que soit déja la rapidité du sillage que doit procurer ma construction en vertu des seules causes développées dans l'article 84, une nouvelle cause qu'il me reste à exposer, doit l'augmenter encore prodigieusement.

On doit se rappeler que la nature de mes expériences a exigé que tous les modèles que j'ai éprouvés eussent le même déplacement. Or plus j'ai donné d'aiguité à la proue et à la poupe de mes différens modèles, plus j'ai été obligé de les faire enfoncer dans l'eau, afin qu'ils eussent le même déplacement, et comme le maître couple de tous ces modèles, à l'exception de celui de l'Iphigénie, a été un même rectangle, la surface du maître couple a été d'autant plus considérable que les résistances ont été moindres, ce qui prouve que la résistance étoit plus diminuée par les aiguités différentes que j'ai données, qu'elles n'étoient augmentées par la plus grande superficie du maître couple. Il résulte de là que si j'avois éprouvé successivement quatre modèles nouveaux construits d'après le n°. 9, avec les quatre perfectionnemens successifs expliqués à l'article 82, j'aurois obtenu des diminutions de résistance, en conservant toujours le même déplacement, et par conséquent en les enfonçant de plus en plus dans l'eau, de manière que le premier de ces quatre nouveaux modèles eût eu un plus grand maître couple que le n°. 9; que le second en eût eu un plus grand que le premier, et ainsi de suite, de sorte que la superficie du maître couple du quatrième de ces modèles, celui qui réunit les quatre degrés de perfectionnement, eût été beaucoup plus grande que celle du n°. 9. Or celle-ci, que notre table nous apprend être de (5,44) pouces quarrés, est déja plus grande que celle de la frégate qui n'est que de (4,78) pouces quarrés. Donc en construisant, suivant mes principes, une frégate sur les dimensions de la construction actuelle, j'aurois un maître couple beaucoup plus grand que le maître couple ordinaire, afin d'avoir le même déplacement total, et je viens de démontrer de manière à ne laisser subsister aucuns doutes, que, malgré cette plus grande superficie du maître couple, ma frégate marcheroit incomparablement mieux que la plus fine voilière actuelle. Donc elle marchera bien mieux encore, si, en conservant la même forme, j'ai la faculté de la faire beaucoup plus légère, en lui conservant néanmoins une stabilité au moins égale (et j'en ai une beaucoup plus grande), parce qu'alors elle enfoncera moins dans l'eau, et que cette différence d'enfoncement, la figure restant la même, procurera une diminution de résistance analogue à celle du n°. 16 de nos expériences comparée au n°. 3. Or deux raisons concourent ici à me procurer cette extrême légèreté : 1°. la grande diminution du creux de mes vaisseaux, laquelle procure une grande économie dans l'emploi des bois, en supposant même qu'on construise à l'ordinaire, en bois quarrés; 2°. et l'économie bien plus grande encore qui résulte du nouveau procédé de charpentage que j'ai inventé.

L'expérience du *Svar-til-alt* (le vaisseau que j'ai construit à Copenhague il y a quatre ans) prouve qu'avec une solidité incomparablement plus grande, la coque de mes vaisseaux construits par les nouveaux procédés de charpentage que j'ai inventés, pèse *deux* fois moins que la coque des vaisseaux construits à l'ordinaire en bois quarrés.

Le déplacement total d'une frégate de 40 canons est d'environ 13 cents tonneaux, dont 7 cents tonneaux au plus sont pour le chargement, et 6 cents tonneaux pour le poids de la coque.

Si je construisois une semblable frégate, j'ai démontré qu'en lui donnant le même déplacement de 13 cents tonneaux, la frégate que je construirois marcheroit incomparablement mieux que la meilleure frégate actuelle; mais étant plus légère de 3 cents tonneaux, je n'ai besoin que d'un déplacement total de mille tonneaux. Donc en m'en tenant à ce déplacement, la frégate que je construirois marcheroit bien mieux encore. Qu'on y réfléchisse bien, qu'on soit de bonne foi, et l'on sera convaincu qu'il est en quelque sorte impossible de se faire une idée juste de la supériorité de marche que j'obtiendrai en combinant mon nouveau procédé de charpentage avec ma nouvelle construction.

(87) Cette forme nouvelle des vaisseaux qu'une théorie incontestable (parce qu'elle est fondée sur des expériences irrécusables) apprend devoir être donnée aux vaisseaux, procure un avantage bien précieux, celui de réduire à presque moitié le tirant d'eau des vaisseaux. Un navire de commerce ayant 27 pieds de bau, et 120 pieds de longueur, sera du port de 400 tonneaux, et ne tirera que 7 $\frac{1}{2}$ pieds d'eau, au lieu de 13 à 14 pieds que tire aujourd'hui un vaisseau de commerce de cette force. Nous développerons dans le dernier chapitre de cet ouvrage, toutes les conséquences politiques qui

résultent de cette prodigieuse diminution du tirant d'eau. Je me borne, quant à présent, à une seule observation.

Nous avons fait voir dans le chapitre IV, qu'il seroit très-facile au Gouvernement de maintenir en tout tems 8 pieds d'eau dans la Seine, depuis Conflans-Ste.-Honorine jusqu'à la mer, et que l'exécution d'un canal contenant la même profondeur d'eau depuis Conflans-Ste.-Honorine jusqu'à Paris, ne présente aucunes difficultés. En se servant donc de ma nouvelle construction, on voit que Paris peut devenir très-facilement un véritable port de mer, capable de recevoir des vaisseaux de 400 tonneaux de port en marchandises, et par conséquent que le commerce immédiat de l'Amérique et de l'Inde, peut lui être facilement ouvert.

Le magistrat chargé en chef de l'administration de cette immense capitale, est trop éclairé pour n'avoir pas senti les avantages incalculables que doivent procurer mes découvertes sous le point de vue que je viens d'exposer, et le zèle ardent qui l'anime pour tout ce qui intéresse le bien public, l'a déterminé à s'en déclarer immédiatement le protecteur, après s'être préalablement convaincu de leur réalité par le rapport des deux plus habiles constructeurs de notre marine, MM. Sané et Forfait. Il m'a chargé de construire à Paris même un navire assez grand pour servir en même tems de modèle, et pour la forme la plus avantageuse à donner aux bâtimens destinés à opérer une descente, et pour celle qui conviendroit à des vaisseaux propres à faire le commerce immédiat de Paris. Comme une immense quantité de bateaux plats seront construits à l'époque où la descente en Angleterre aura immanquablement lieu, si le Cabinet Britannique ne se hâte de prévenir les funestes effets de la guerre qu'il nous a si imprudemment déclarée, je doute que la construction ordonnée par M. Frochot soit finie à tems pour remplir le premier objet qu'il a eu en vue. Mais la valeur de nos armées, et le génie du chef qui les dirige, n'ayant pas besoin de moyens extraordinaires pour réussir dans cette grande entreprise, peut-être l'expérience ordonnée par M. Frochot, aura-t-elle une application plus utile, en servant à éclairer le commerce sur les avantages qu'il doit retirer de mes découvertes. Si en effet ma chaloupe canonnière n'est point dans le cas d'être employée à la descente, comme malgré son très-foible tirant d'eau (1) elle pourra

(1) Le navire que je construis à Paris, par les ordres de

naviguer dans les plus grosses mers, l'intention du Préfet de Paris est de profiter de l'extrême supériorité de marche de mon navire, pour l'envoyer comme paquebot à l'Isle-de-France, en partant à cet effet de Paris même. Nous verrons dans le dernier chapitre de quelle importance sera cette grande expérience, et quelles obligations le commerce aura à M. Frochot, de lui avoir prouvé *par le fait*, ce que de misérables intrigues m'ont empêché de prouver jusqu'à présent, *qu'en adoptant ma construction, notre commerce peut se procurer des navires qu'aucun navire actuel ne pourra at-*

M. Frochot, a la forme indiquée par l'article 82. Je crois impossible de me contester la prodigieuse célérité de sa marche. Sa forme extrêmement plate donnera sûrement lieu à quelques objections auxquelles je réponds dans les articles 89, 90 et 91 ci-après. Ne perdons pas de vue que du moment que cette forme procure une marche extrêmement supérieure, en réunissant d'ailleurs toutes les qualités nécessaires à une bonne navigation, c'est précisément parce qu'elle est extrêmement plate qu'elle est préférable à la forme ordinaire, parce qu'elle procure l'avantage inappréciable de réduire prodigieusement le tirant d'eau. Le commerce de Paris tirera 26 à 27 pieds d'eau : si j'avois à construire ce vaisseau, même en bois quarré, il n'en tireroit pas plus de 17 à 18 pieds, et seroit bien supérieur en qualités aux plus fins voiliers actuels. Voilà des résultats bien démontrés que j'ai communiqués au Ministre de la marine : mais il n'a jamais voulu écouter aucune de mes propositions.

teindre, et par conséquent toutes les opérations pourront se faire aussi sûrement en tems de guerre qu'en tems de paix; de sorte que quand bien même une descente en Angleterre ne seroit point effectuée, la guerre que les Anglais nous ont déclarée, ne leur en sera pas moins funeste, puisque ne pouvant plus intercepter notre commerce, *à raison de la prodigieuse célérité de nos navires marchands, leur redoutable marine sera immédiatement paralysée*, et leurs innombrables flottes leur deviendront aussi inutiles, que si par un événement imprévu et spontané, tous leurs vaisseaux étoient incendiés à-la-fois dans un même jour.

Je saisis avec empressement cette occasion de témoigner à M. Frochot les vifs sentimens de reconnoissance que m'ont inspirés ses bontés. J'en sens d'autant plus le prix, que non-seulement je n'ai pas eu besoin de les solliciter, mais encore que ma demande m'étoit accordée avant que j'eusse eu l'honneur de le voir une seule fois. C'est uniquement l'intérêt de la chose publique qui l'a déterminé. Que je serai heureux de partager avec lui la gloire de mes découvertes, et de lui voir recevoir ainsi le seul prix qui puisse être dû à une protection accordée avec tant de noblesse et de générosité !...... (1). Je reviens à mon sujet.

(88) Deux objections peuvent être faites contre ma construction nouvelle : la première, que mes vaisseaux étant très-plats et tirant très-peu d'eau, seront sujets à une grande dérive; la seconde, que les mêmes causes rendront les mouvemens de roulis très-violens. Répondons à ces deux objections.

De la dérive. Ce n'est pas parce qu'un vaisseau enfonce peu dans l'eau, qu'il dérive beaucoup. Si cela étoit, il n'y auroit aucun moyen d'empêcher de dériver les petits navires, et il y en a d'extrêmement petits, les bateaux Bermudiens entr'autres, qui vont à 45 degrés du

---

(1) En grand chargement, ce navire, qui a 18 pieds de largeur et 80 pieds de longueur, ne tirera que 5 pieds d'eau, déplacera alors 150 à 160 tonneaux, et pourra porter 100 ou 110 tonneaux de marchandises. En petit chargement, il ne tirera que 4 pieds d'eau, et pourra porter environ 50 tonneaux de marchandises. Il naviguera aussi sûrement en petit qu'en grand chargement, mais on sent, d'après ce qui a été dit à l'article 86, que pouvant porter la même voilure en petit qu'en grand chargement, il marchera bien plus vite dans le premier cas que dans le second.

Les personnes qui n'ont aucune connoissance de l'architecture navale, auront de la peine à croire qu'un bâtiment allégé d'un cinquième de son tirant d'eau, conserve sa stabilité. Mais c'est une vérité fondée sur les seuls principes de l'hydrostatique, dans l'établissement desquels il n'y a, comme on sait, aucune hypothèse, et par conséquent cette vérité est incontestable.

vent, tandis que les meilleures frégates ne vont pas à plus de 65. Il n'y a donc qu'une seule chose qui constitue la dérive, c'est le rapport de la résistance directe à la résistance latérale. Plus la première est grande relativement à la seconde, plus le navire dérive. Les flûtes hollandaises, terminées à l'avant par un plan presque vertical, éprouvent une résistance directe qui n'est que le cinquième ou le sixième de la résistance latérale, tandis qu'en vertu de l'aiguité de la proue d'une bonne frégate, et de la forme de sa poupe, sa résistance directe n'est pas la trentième partie de sa résistance latérale. Voilà pourquoi (et non parce qu'elle tire peu d'eau) la flûte hollandaise a tant de dérive, comparativement à une bonne frégate. Le seul moyen de diminuer la dérive est donc d'augmenter la résistance latérale, ou de diminuer la résistance directe; or c'est le double objet que remplit ma construction. Nous avons démontré que la résistance directe est comparativement beaucoup moindre que celle des frégates les plus fines voilières. Quant à la résistance latérale, si la forme arrondie des maîtres couples dans l'intervalle *EF* (*fig.* 5) est propre à la diminuer un peu, on voit d'un autre côté que les deux plans verticaux *FmmHY* et *EnooGX*, placés au-dessous de la quille courbe *GoenEFmmH*, l'augmente dans un rapport sûrement plus considérable. Ainsi cette forme nouvelle ne peut manquer d'être singulièrement propre à diminuer la dérive. Mais d'ailleurs je me propose de la diminuer encore davantage par l'application en en bas contre les flancs du navire, dans toute la longueur de l'intervalle *EF* (*fig.* 5) de deux plans, *x* et *y* (*fig.* 7), que j'appelle *nageoires*, appliqués perpendiculairement à la surface extérieure de la carène. L'inspection de la figure 7 fait voir que ces deux plans dont la saillie sera égale au dix-huitième à-peu-près du maître bau, en arrêtant le passage du fluide dans le sens latéral, augmentera beaucoup la résistance dans ce sens, et par conséquent diminuera la dérive.

(89) *Du roulis.* Il est évident à la seule inspection des figures 5 et 7, qu'à chaque oscillation du roulis basbord et tribord, les deux plans verticaux *FmmHY* et *EnooGX* (*fig.* 5), et les deux nageoires *x* et *y* (*fig.* 7), ont à refouler immédiatement d'énormes colonnes d'eau, et à imprimer par conséquent une masse de mouvement singulièrement propre à modérer celui du roulis. Ainsi les mouvemens du roulis dans ma construction doivent être extrêmement doux. Aussi est-il constaté par le journal du *Svar-til-alt*, qui avoit deux nageoires, mais point de plans extrêmes de dérive comme ceux de la figure 5, que dans les plus gros tems ce navire a eu des mouvemens aussi doux que ceux qu'un navire de construction ordinaire a sur des mers tranquilles.

(90) Les extrémités du vaisseau à la proue et à la poupe étant terminées par des couples triangulaires *IPdQK* qui n'ont aucun recreusement comme dans la construction ordinaire, il est évident qu'à arrimage égal, les mouvemens de tangage doivent être beaucoup plus doux que ceux de la construction actuelle.

(91) Je ne parle point ici de la stabilité, cette qualité la plus essentielle des vaisseaux puisque leur sûreté dépend d'elle : les gens du métier verront d'un seul coup-d'œil,

qu'en ayant de plus grandes largeurs à la flottaison, et de moindres capacités, la stabilité de ma construction est nécessairement très-supérieure à celle de la construction ordinaire.

CHAPITRE XI.

Nouveaux procédés de charpentage pour la construction des vaisseaux.

(92) LORSQUE je construisis, en 1785, la frégate la *Prosélyte*, de 40 canons, et la corvette portant mon nom, exerçant alors pour la première fois le métier de constructeur, et n'ayant encore aucunes connoissances pratiques, je fus forcé de m'en rapporter entièrement pour l'exécution du *charpentage*, à un constructeur ordinaire. Mais en suivant ensuite les détails de ma construction, je fus frappé de l'énorme quantité de bois qu'il falloit y employer, et sur-tout très-étonné de ne trouver chez les constructeurs aucuns principes propres à les éclairer sur les proportions des pièces. Une véritable révolution s'étoit faite cependant à cette époque sur le charpentage des bâtimens civils. La coupole en planches de la Halle-au-Bled de Paris, étoit élevée depuis peu d'années (1); j'avois une connois-

(1) Cette coupole a été incendiée dernièrement, et comme

sance précise de la charpente de la salle de spectacle de Bordeaux, et je savois qu'avec une plus grande portée que celle de l'ancienne salle de spectacle de l'Opéra de Paris, l'architecte y avoit employé *huit fois moins de bois*, et que cependant elle étoit aussi solide. Ces rapprochemens me donnèrent lieu de faire des réflexions sur le charpentage des vaisseaux. Les considérant comme des espèces de coupoles renversées, je sentis dès-lors qu'il seroit possible de les construire en planches, et qu'avec une solidité au moins égale, il devoit en résulter une grande légèreté dans le poids de la coque et une grande économie dans la dépense de la construction.

---

elle étoit regardée comme un monument des arts précieux à conserver, on dit que l'intention du Gouvernement est de la rétablir. Si cette reconstruction doit en effet avoir lieu, je préviens ici que, quelque ingénieux que soit le procédé qu'on a employé, il n'en étoit pas moins affecté d'un vice capital, celui d'avoir besoin d'une énorme quantité de fer pour mettre la coupole en état de résister aux mouvemens continuels de dilatation et de contraction occasionnés par les alternatives de la chaleur et du froid, de la sécheresse et de l'humidité. Cet inconvénient, qui est très-majeur, peut être évité entièrement en suivant un autre système de construction. Des détails à cet égard me meneroient trop loin. Je me borne à faire cette déclaration, persuadé que s'il en est encore tems, le Gouvernement y aura égard, et que, lorsqu'il se déterminera à construire une nouvelle coupole, il m'invitera, en ouvrant un concours, à lui donner communication des procédés que j'ai conçus à cet égard.

Ce n'est pas tout : les bois propres à la marine deviennent tous les jours plus rares, en même tems que la puissance colossale des Anglais force toutes les nations maritimes, non-seulement de multiplier leurs vaisseaux, mais encore d'en outrer les dimensions. On avoit au commencement du siècle dernier, beaucoup de vaisseaux de 64 et même de 50, qui étoient employés comme vaisseaux de ligne ; on a commencé à ne plus considérer comme tels dans l'avant-dernière guerre, que les vaisseaux de 74 ; aujourd'hui les vaisseaux de cette force sont au moment de n'être plus regardés que comme des vaisseaux de convoi, et une armée navale est considérée comme foible si elle ne compte pas dans sa ligne un grand nombre de vaisseaux à trois ponts. On a même tellement augmenté depuis quarante ans le calibre des canons des batteries supérieures, et garni d'une si grande quantité de canons leurs gaillards, que bientôt, si le système actuel des guerres maritimes est maintenu, on construira des vaisseaux à quatre ponts. Cette augmentation prodigieuse de toutes les marines de l'Europe devoit donc me faire attacher une haute importance à l'idée de ne se servir que de planches ou de madriers dans la construction des vaisseaux : mais je sentois, d'une part, combien j'aurois de préjugés à vaincre pour faire adopter un jour une semblable construction, et, de l'autre, combien de précautions il étoit essentiel de prendre pour donner la solidité convenable à une si vaste machine, chargée de poids énormes, destinée à être continuellement abandonnée aux mouvemens les plus rapides, et livrée à la fureur des élémens. Je résolus donc de méditer longtems mon idée avant de la mettre à exécution, et ce n'a été en effet qu'en 1787, 12 ans après l'avoir conçue, que j'ai construit le premier vaisseau de cette manière.

(93) J'ai inventé deux procédés pour ne construire toute espèce de vaisseaux qu'avec des planches, auxquelles on adjoint un petit nombre de pièces de bois quarrés droits : par le premier procédé, la coque du vaisseau, formée par l'application successive de plusieurs couches de planches les unes sur les autres, n'a aucune membrure, et ne peut être mieux comparée qu'à une pirogue indienne qui auroit été recreusée dans un arbre assez grand pour produire dans son seul pourtour la forme entière du vaisseau. Par le second procédé, le vaisseau a une membrure, c'est-à-dire, des couples; mais les couples, au lieu d'être faits en bois droits courbes, sont for-

més eux-mêmes par l'application successive de plusieurs couches de planches. Donnons une idée succincte de ces deux procédés.

(94) *Premier procédé de charpentage.* On commence par faire un moule du vaisseau, qui, une fois fait, peut servir ensuite à la construction de plusieurs centaines de vaisseaux de la même forme. Ce moule est composé de couples qu'on pose sur la quille, et qui déterminent entièrement la forme qu'on veut lui donner, en produisant exactement le même effet que celui d'un vaisseau ordinaire, lorsqu'il n'a encore que ses couples sur la cale, sans aucuns bordages. Lorsque le moule est solidement établi, on le recouvre de cinq planches, que l'on pose, savoir, la première couche dans le sens horisontal, la seconde dans le sens vertical, la troisième dans le sens horisontal, la quatrième dans le sens vertical, et la cinquième et dernière dans le sens horisontal, d'où il résulte que des cinq couches, trois sont posées dans le sens horisontal, et deux dans le sens vertical.

A mesure qu'on pose ces couches, dont toutes les planches sont fortement serrées les unes sur les autres, on les fixe avec des clous volans, qu'on arrache de chaque couche, à mesure qu'on pose la couche qui la recouvre.

Lorsque les cinq couches sont posées, on les lie toutes entr'elles, par douze ou quinze cents *gournables* ou grosses chevilles de bois, qui traversent les cinq couches, et qui sont *écoinçonnées* à leurs extrémités pour faire tête.

Les cinq couches sont liées à la quille par des *porques* ou grosses pièces de bois très-courtes (leur longueur est égale à trois fois la largeur de la quille), placées près-à-près dans le sens horisontal perpendiculairement à la quille, et toutes fixées par de forts boulons de fer, dont celui du milieu traverse la porque et la quille, et les deux extrêmes traversent la porque et les cinq couches de planches.

Ces cinq couches de planches sont liées ensuite en haut, et bordées pour empêcher leur écartement et leur rapprochement, par les *barrots* ou poutres des ponts. Ces barrots ne sont pas des pièces de bois quarrées, comme dans la construction actuelle, mais chacun d'eux est composé de deux madriers posés de champ, et espacés l'un de l'autre d'une épaisseur de madrier. L'un de ces madriers traverse de part en part les cinq couches de planches, percées à cet effet d'un trou plus évasé en dehors qu'en dedans. Les deux bouts du madrier ont un coup de scie dans leur milieu; lorsque le madrier est à sa place, on chasse en dehors du vaisseau un coin dans chaque coup de scie, dont l'objet est de faire faire aux deux bouts du madrier la queue d'hironde, de manière à boucher exactement les trous évasés, d'où il résulte que ce premier madrier empêche l'écartement des planches. Les bouts du second madrier de chaque barrot, appuient simplement contre la paroi intérieure de la première couche de planches, et empêchent le rapprochement des cinq couches.

Enfin on pose les *épontilles*. Ce sont des piliers verticaux, et de bois droits quarrés, formant par leur réunion deux plans verticaux dans le sens de la longueur du navire, et disposés de manière à diviser le vaisseau dans le sens de sa largeur en trois longues cases longitudinales. L'extrémité en en bas des épontilles, traverse par un tenon les cinq couches de planches, et ce tenon fait queue d'hironde comme les extrémités des barrots. De plus tous les barrots traversent les épontilles dans une mortaise pratiquée à cet effet, de sorte qu'étant tous soutenus aux deux points tierces de leur longueur, ils acquièrent une force triple, et ont, avec une foible épaisseur, une force suffisante (1). En outre toutes les épontilles sont liées ensemble par trois ou quatre files de madriers placés horisontalement et de champ dans le sens de la longueur du vaisseau. Il résulte de toute cette construction des épontilles, deux vastes plans verticaux, dont la longueur est égale à celle du vaisseau, et la hauteur à son creux : l'objet de ces deux plans verticaux est d'abord de lier solidement les fonds du vaisseau, en triplant en même tems, comme je l'ai dit, la force des ponts, et ensuite, en vertu de la force prodigieuse et presqu'incalculable de leur champ, d'empêcher les vaisseaux de ployer dans le sens de leur longueur, effet auquel les constructeurs n'ont pu réussir jusqu'à présent à s'opposer, et qui est la principale cause de la déliaison des vaisseaux, et des voies d'eau si souvent funestes auxquelles ils sont tous sujets (2).

---

(1) Un barrot composé de deux madriers de sapin de 9 pouces sur champ, et 3 pouces d'épaisseur, ainsi lié et assemblé avec le corps du navire et avec les épontilles, est juste quatre fois plus léger qu'un barrot ordinaire en chêne de 12 pouces en quarré, qui n'a aucun appui intermédiaire sur sa longueur, et cependant il est tout aussi fort.

(2) Pourquoi un tonneau composé d'une seule couche de planches très-minces, qu'on ne prend pas le soin de calfater, ne

Lorsque le vaisseau est entièrement construit, on le démoule en retirant par l'intérieur tous les couples, et il se trouve composé d'une seule enveloppe égale par-tout à l'épaisseur de cinq couches de planches, sans qu'il reste dans l'intérieur une seule membrure ; le vaisseau ainsi achevé, ne peut être mieux comparé, comme je l'ai dit, qu'à une vaste pirogue indienne qui auroit été recreusée dans un arbre assez long et assez gros pour produire les dimensions nécessaires, avec néanmoins cette différence (à l'avantage de ma construction) que dans une semblable pirogue, le bois seroit *tranché*, tandis que dans ma construction, il est toujours *de fil*, d'où résulte une bien plus grande solidité.

---

fait-il pas d'eau, tandis qu'un vaisseau qu'on calfate avec tant de soin en fait toujours? Ce n'est pas l'extrême fatigue du vaisseau à la mer qui en est la cause, car d'abord il fait de l'eau dans un bassin tranquille, comme à la mer, et ensuite un tonneau livré aux vagues est proportionnellement plus agité que le vaisseau, et conserve toujours son imperméabilité. La seule raison à en donner, c'est que la forme du tonneau est invariable, et que celle du vaisseau change. Rendez la forme du vaisseau aussi invariable que celle du tonneau, et soyez sûr qu'aussi imperméable que lui à toute espèce de voies d'eau, vous soustrairez les marins à un des dangers les plus redoutables auxquels ils soient exposés en mer. Tout ceçi va être bientôt développé.

(95) L'expérience du *Svar-til-alt* (le vaisseau que j'ai construit il y a quatre ans, à Copenhague, d'après ce premier procédé) prouve que lorsque la coque est formée de cinq couches de planches, il suffit, pour un maître bau de 27 pieds, que les planches de chaque couche, quand elles sont de sapin, aient un pouce et un quart d'épaisseur, composant pour la coque une épaisseur totale de 6 pouces et un quart. Ainsi on peut fixer l'épaisseur de la coque à la cinquante-deuxième partie du maître bau.

On sent facilement que la solidité sera d'autant plus grande que le nombre de couches sera plus multiplié. Ainsi un très-grand vaisseau qui auroit 52 pieds de bau, et dont la coque devroit par conséquent avoir un pied d'épaisseur, seroit plus solide si cette coque étoit composée de 12 couches d'un pouce d'épaisseur, que de 6 couches de 2 pouces.

(96) *Second procédé de charpentage.* Ce procédé diffère de celui qu'on vient d'expliquer, en ce que le vaisseau a une membrure et n'est point par conséquent construit sur moule. Etablissons d'abord ici le principe de sa solidité.

Les planches qui forment les cinq couches de la coque

du vaisseau dont je viens de parler, ont, comme je l'ai dit, cinq quarts de pouce d'épaisseur. Ainsi les deux couches verticales ont ensemble deux pouces et demi d'épaisseur. Donc si dans la construction d'un autre vaisseau de mêmes dimensions, je supprime ces deux couches verticales, pour les remplacer par une membrure, et si je donne à cette membrure cinq pouces d'épaisseur, comme cette épaisseur est double de celle des deux couches verticales que je supprime, j'aurai évidemment la même solidité en faisant les membres tant plein que vide, et si je donne plus de cinq pouces d'épaisseur, je pourrai donner plus de vide que de plein. Voilà pourquoi le vaisseau que je construis à Paris, a des intervalles si considérables entre ses couples. Si ce vaisseau eût été construit comme le *Svar-til-alt*, chacune des cinq couches de planches auroit dû n'avoir que 10 lignes d'épaisseur, parce que ce navire n'a que 18 pieds de bau, et que le *Svar-til-alt* en a 27. Les deux couches verticales auroient donc eu entr'elles 20 lignes d'épaisseur. Or mes couples ont 60 lignes d'épaisseur; donc mon vaisseau de Paris aura la même solidité que le *Svar-til-alt*, en faisant l'intervalle entre les couples double de la largeur des couples. Ce raisonnement fait tomber l'objection faite par quelques marins et constructeurs, que dans mon second procédé la grandeur *des mailles* doit nuire à la solidité. Elle y nuiroit beaucoup sans doute dans la construction ordinaire, par plusieurs raisons trop longues à déduire ici. Mais pour être assuré qu'elle ne nuira pas dans ma construction actuelle, il suffit de savoir si la construction du *Svar-til-alt* s'est trouvée suffisamment solide, et nous verrons bientôt combien l'expérience a prouvé qu'elle l'étoit. Revenons à présent à l'explication de mon second procédé.

(97) Mon vaisseau de Paris ayant la forme prescrite par la théorie développée dans cet ouvrage, il se trouve que le contour d'un grand nombre de ses couples est composé de lignes entièrement droites, et de lignes courbes. C'est ce qui m'a déterminé à deux constructions différentes de couples. Lorsque leur contour est composé de parties droites et de parties courbes, les parties droites sont composées de pièces de bois quarrés droites, et les parties courbes sont formées par l'application successive de plusieurs couches de planches les unes sur les autres. Lorsque le contour des membres ne contient que des parties très-courtes en lignes droites, et le reste en lignes courbes, il est formé par la seule application successive de plusieurs couches de planches sans bois droits.

Tous les membres du vaisseau étant posés, l'enveloppe extérieure est composée de trois couches de planches appliquées successivement les unes sur les autres, mais posées alors toutes dans le sens horisontal. Ces planches ont à-peu-près un pouce d'épaisseur pour mon vaisseau de Paris, qui n'a que 18 pieds de bau. Si l'on avoit à construire des navires de 24, de 30, de 36 pieds de bau, etc., je conseillerois (conformément à l'observation qui termine l'article 95) de mettre 4, 5, 6 couches, etc., de planches de la même épaisseur d'un pouce, au lieu de s'en tenir à 3 couches de planches, ayant progressivement des épaisseurs plus considérables de 16, de 20, de 24 lignes, etc. Cette multiplication de couches de planches augmenteroit le prix de la main-d'œuvre, mais elle contribueroit singulièrement à l'augmentation de la solidité.

Du reste, les ponts et les épontilles se construisent par les mêmes procédés que ceux expliqués à l'article 94.

(98) Je dois exposer ici les raisons qui m'ont déterminé à donner à la quille une si foible épaisseur dans ma construction.

Il résulte d'expériences que j'ai faites avant la révolution, sur la force des bois, qu'une poutrelle parfaitement droite, de 10 pieds de longueur et de 2 pouces quarrés d'épaisseur, fléchit à chaque extrémité par l'effet de son seul poids, d'environ 2 lignes, lorsqu'elle est tenue en équilibre sur son point de milieu. Donc une poutre qui auroit 160 pieds de longueur, et 32 pouces en quarré, fléchiroit par l'effet de son seul poids, si elle étoit suspendue par son milieu. Or la quille d'un grand vaisseau de guerre a environ cette longueur de 160 pieds, et est très-éloignée d'avoir 32 pouces en quarré. Donc cette quille, qui fléchiroit chargée de son seul poids, n'a absolument aucune force pour empêcher les extrémités du vaisseau de tomber, et de former ce qu'on appelle l'*arc*. On lui donneroit des épaisseurs doubles et triples de celles qu'on lui donne, qu'elle ne pourroit s'opposer en aucune façon à l'énorme charge de plus de 8 millions de livres, répartie sur toute sa longueur. La quille d'un vaisseau ne doit donc pas être considérée comme une *pièce de force*, mais uniquement comme une *pièce de liaison*. Ainsi c'est bien inutilement que les constructeurs donnent tant de hauteur à la quille, et la fortifient en dedans par une *carlingue*. Toutes ces épaisseurs de bois diminuent sans aucun avantage les capacités intérieures, en augmentant le tirant d'eau; et le vaisseau, du moment même qu'il est lancé, et sans avoir encore aucune partie du chargement qui double son poids, n'en fléchit pas moins dans son milieu. Ce sont ces considérations qui m'ont déterminé à réduire la quille à la seule fonction qu'elle doive avoir, celle de servir à la liaison des couples. En conséquence je ne lui donne que la seule épaisseur nécessaire pour recevoir l'application de toutes les couches de planches qui forment la coque, et je supprime toutes les pièces qu'on ajoute inutilement en dedans pour la fortifier, d'où il résulte que je me procure de belles capacités intérieures, et une diminution de tirant d'eau égale à toute la saillie extérieure que la quille a ordinairement, et qui est très-considérable. Quant à la force longitudinale qu'on cherche vainement dans la construction ordinaire, c'est-à-dire, celle qui s'oppose au ploiement du vaisseau dans le sens de sa longueur, je me la procure par l'établissement des deux plans verticaux des épontilles, expliqués à l'article 94. Il suffit de jeter les yeux sur mon vaisseau de Paris pour se convaincre qu'il est impossible qu'il s'arque, à raison de la résistance dans le sens longitudinal des deux plans verticaux des épontilles dont la *force de champ* s'exerce sur une hauteur égale à tout le creux du vaisseau.

(99) Dans la construction ordinaire, les *barrots* ou poutres des ponts, sont courbes dans le sens de la largeur, afin de faciliter l'écoulement des eaux pluviales, et en outre, ils ne sont appuyés qu'à leurs extrémités. Il résulte de cette construction deux grands vices : le premier c'est que les barrots finissent par céder à l'énorme

charge que les ponts ont à supporter ; se redressent, et laissent par là au vaisseau la faculté de s'ouvrir, en permettant l'écartement des flancs dans le sens de la largeur ; le second vice, c'est que la portée des barrots étant égale à toute la largeur du vaisseau, on est obligé de les faire extrêmement massifs pour les mettre en état de résister à l'énorme charge qu'ils ont à supporter. En faisant ces barrots absolument droits dans ma construction, j'évite le premier inconvénient ; et en les soutenant aux deux points tierces de leur longueur, sur les plans verticaux des épontilles, je triple évidemment leur force ; et je puis par conséquent les faire trois fois plus légers. Pour éviter alors que cette construction n'occasionne sur le pont le séjour des eaux pluviales, je ne me borne pas à un double relèvement du pont en avant et en arrière comme dans les flûtes hollandaises, mais je forme quatre relèvemens, *st*, *tv*, *vx* et *xy* (*fig.* 5), ce qui, répartissant plus également la pente, me donne deux fois moins d'exhaussement aux extrémités, et diminue par conséquent le poids de ces deux parties du vaisseau qui ne sont déja que trop chargées.

On voit à présent la confirmation de ce que j'ai annoncé dans la seconde note de l'article 94.

Le vaisseau ne pouvant avoir aucun écartement dans le sens de sa largeur, à cause de la rectitude des ponts, et étant dans l'impossibilité de ployer dans le sens de sa longueur, à cause de la liaison des épontilles, doit nécessairement conserver aussi invariablement sa forme que le tonneau, et être par cette raison imperméable aux voies d'eau. Je ne dis pas néanmoins qu'il sera absolument étanché ; cela est impossible, à cause de la grande quantité de boulons qui le traversent, et qui ouvrent nécessairement des passages à l'eau. Mais l'eau introduite sera toujours en très-petite quantité, et le volume qu'un quart d'heure tout au plus de travail par jour suffira pour épuiser, n'augmentera jamais.

(100) L'extrême solidité de mon premier procédé de construction en planches de sapin, est aujourd'hui incontestablement démontrée par l'expérience du *Svar-til-alt*, vaisseau de 500 tonneaux, construit de cette manière, à Copenhague, il y a quatre ans. En effet ce vaisseau a navigué sans interruption pendant 40 mois consécutifs sur les mers de l'Europe les plus orageuses, celles du Nord ; il y a reçu un des plus terribles coups de vent dont il soit question dans les annales de la marine, celui

de brumaire de l'an 9; il n'en a éprouvé aucun autre dommage que la perte de son gouvernail, tandis que la presque totalité des navires marchands qui, à cette époque, étoient en mer dans ces parages, ont péri; enfin, en arrivant au Havre, il y a 15 mois, il éprouva dans le port même, et résista à un échouage dans une situation si périlleuse, que tous les marins et les constructeurs qui en ont été témoins, sont unanimement convenus qu'il n'y a pas un seul navire construit en bois quarrés, qui n'eût été rompu sur la place. Ce dernier événement se passa sous les yeux de l'un de nos plus habiles constructeurs, le Conseiller d'Etat Forfait, et il l'a tellement convaincu combien la solidité de ma construction en planches est supérieure à la solidité de la construction en bois quarrés, qu'il a ordonné au Havre l'exécution par mon procédé, d'une bombarde, espèce de bâtiment à laquelle on n'a pu réussir jusqu'à présent à donner la solidité convenable dans la construction en bois quarrés (1).

---

(1) Une invention étant une propriété de l'inventeur qui est sous la sauve-garde immédiate de nos lois actuelles, il est d'autant plus étrange que M. Forfait ait fait usage de la mienne sans mon intervention, qu'associé avec moi par un acte antérieur à

L'extrême solidité de mon premier procédé de construction en planches étant bien démontrée, il résulte de l'explication donnée à l'article 96, qu'on ne peut pas élever plus de doutes sur la solidité du second. Au reste, je ne me suis déterminé à construire le vaisseau de Paris par ce dernier procédé, que parce qu'il peut être utile dans beaucoup de cas, et particulièrement pour la construction des vaisseaux de guerre, dont il réduiroit la dépense de construction à moitié, en même tems que les vaisseaux seroient plus solides, et qu'étant plus légers d'un quart, on pourroit, même en s'en tenant à l'ancien systême de construction, les faire si fins, qu'ils auroient, sans rien perdre de leur chargement, une marche extrêmement supérieure à celle des plus fins voiliers actuels.

---

la déclaration de la guerre, il se trouve avoir formellement reconnu mes droits à un brevet d'invention dont il s'étoit assuré le partage des bénéfices avec moi : nouvelle preuve, pour le dire en passant, combien il est convaincu de l'excellence de mes procédés. Mais quelque fondé que je sois à me plaindre, je sens qu'une réclamation à cet égard ne seroit point ici à sa place, et en conséquence le seul objet de cette note est de prévenir, qu'entièrement étranger à la construction de la bombarde, je ne puis répondre du succès de cette construction, quoique faite par mes procédés, parce que les moyens d'exécution que M. Forfait a ordonnés sont diamétralement opposés aux miens.

Mais quoique mon second procédé de construction en planches procure une force égale à celle du premier, je préfère celui-ci pour les navires de commerce destinés à éviter le combat, parce que la construction est plus simple, la cale beaucoup plus spacieuse, et l'imperméabilité aux voies d'eau encore plus assurée. Le seul inconvénient de cette construction est de ne pouvoir être que difficilement réparée (à cause du recroisement des couches) dans le cas où, après un combat vif, le navire auroit beaucoup souffert du canon ennemi.

(101) C'est pour être réuni à la flotille des chaloupes canonnières que le Préfet de la Seine m'a ordonné la construction du navire que je bâtis à la Rapée : mais comme nos invincibles armées, dirigées par le génie de Bonaparte, n'ont pas besoin de moyens extraordinaires pour réussir dans la grande expédition qui est projetée, je sollicite pour ce navire une autre destination que je crois plus utile ; c'est la permission de l'armer en paquebot pour l'Isle-de-France, afin de prouver au commerce par cette expérience, que mes procédés fournissent un moyen de lui construire des navires sûrs de se soustraire par la prodigieuse célérité de leur marche à la

poursuite des plus fins voiliers actuels. Cette destination n'exigera que la construction de deux cabines, l'une à l'arrière, pour le logement des officiers, et l'autre à l'avant, pour celui de l'équipage. Quant aux passagers, on peut leur pratiquer 20 à 30 lits commodes, dans les deux demi-entreponts latéraux, destinés à servir de vastes lits de camp, si le navire est armé en chaloupe canonnière.

Armé en paquebot, avec des munitions pour quatre mois, le navire ne tirera que 4 pieds 9 pouces. Son déplacement total sera alors d'environ 150 tonneaux, dont 100 tonneaux pour le port, et 50 tonneaux pour le poids de la coque et du gréement.

Quelque petit que soit ce navire, et quelque foible que soit son tirant d'eau, s'il se trouve aussi propre que de très-grands navires à entreprendre des navigations lointaines, on voit que ma construction peut servir à ouvrir immédiatement le commerce maritime à la ville de Paris, soit en naviguant sur la Seine jusqu'à Paris même, auquel cas il faudroit démâter les vaisseaux à Rouen, soit en faisant le canal de Conflans-Ste-Honorine à Paris. Ce que je dis de Paris s'applique à toutes les autres grandes villes qui ne sont pas assez éloignées de la mer pour ne pas y communiquer par un canal de 5 à 6 pieds seulement de profondeur. Ainsi, par exemple, Berlin, qui n'est qu'à cinquante ou soixante lieues de la mer, et qui y communique par la Sprée, et un canal de jonction avec l'Oder, peut, tout comme Paris, devenir immédiatement un véritable port de mer.

J'observerai à cet égard que c'est l'ignorance où l'on étoit des vrais principes de l'architecture navale qui a pu seule conduire les constructeurs à l'extension graduelle portée si loin aujourd'hui, des dimensions des vaisseaux. Si, lorsqu'ils sont très-petits, ils tiennent mal la mer, et naviguent mal, il est certain qu'il ne faut en construire que de grands. Mais si de très-petits navires *bien construits* se comportent bien à la mer, et marchent supérieurement, et sur-tout s'ils tirent extrêmement peu d'eau, il n'y a aucun doute que le commerce n'en doit pas faire construire d'autres, par une foule de raisons trop évidentes pour qu'il soit nécessaire de les développer ici. Je me borne à observer qu'un vaisseau qui ne tire que 4 à 5 pieds d'eau, peut passer presque par-tout, être armé pour les plus petits ports, longer de très-près les côtes les plus basses, et être par conséquent bien moins exposé aux naufrages. D'un autre côté,

4 ou 5 hommes suffisent pour le manœuvrer, et en ne considérant la question que sous le point de vue de l'économie, il est évident qu'il est plus avantageux à un négociant d'avoir cinq vaisseaux de 100 tonneaux qui peuvent aller par-tout, sans coûter plus à construire et à armer, qu'un seul vaisseau actuel de 500 tonneaux, dont les destinations sont nécessairement limitées à raison de la grandeur de son tirant d'eau. Au surplus, si le commerce persistoit à avoir de grands navires, je pourrois lui en faire de 4 à 500 tonneaux qui ne tireroient pas plus de 8 pieds d'eau, au lieu de 14 à 15 que tirent aujourd'hui les vaisseaux marchands de cette force.

(102) C'est cette importante considération des avantages d'un très-foible tirant d'eau, qui m'a déterminé à la forme extrêmement plate de mon navire de la Rapée. Si l'on consentoit à sacrifier un peu de ces avantages, on pourroit, en conservant le même relèvement des couples à l'avant et à l'arrière (pour continuer de se conformer au principe fondamental de ma nouvelle théorie), faire le maître couple plus fin : alors on tireroit plus d'eau, mais on auroit incontestablement une marche encore plus supérieure.

CHAPITRE XII.

Vues sur les ports de mer, et autres relatives à la marine.

(103) En réduisant, autant que je suis parvenu à le faire, le tirant d'eau des vaisseaux, je lève un des plus grands obstacles que la nature oppose, dans un grand nombre d'Etats, à l'extension du commerce, le défaut de profondeur des ports. Le nombre de ceux qui peuvent recevoir des vaisseaux ne tirant que 7 pieds d'eau (lesquels dans ma construction sont des vaisseaux de 400 tonneaux) est très-considérable; et comme dans cette même construction, des navires de 100 tonneaux, ne tirent pas plus de 5 pieds, et que les côtes les plus dépourvues de ports, en contiennent toujours un grand nombre propres à des navires tirant si peu d'eau, on voit que ma construction est propre à ouvrir un commerce maritime par-tout, pour ainsi dire, où il existe des côtes.

Mais un port ne suffit pas pour donner ouverture à un grand commerce maritime ; il faut encore qu'il soit couvert d'une rade spacieuse et sûre, et celles de cette nature sont très-rares. Or j'ai imaginé un moyen très-simple pour en créer une par-tout où on a un fond ferme et sans roches. Ce moyen proposé au maréchal de Castries, en 1785, pour le port du Havre, fut soumis à l'examen du chevalier de Borda, qui lui accorda son approbation, en vertu de laquelle l'essai en fut ordonné au Havre. Tout fut disposé pour cet essai, qui dût avoir lieu le 28 octobre de la même année : mais un coup de vent très-violent me détermina à renvoyer l'expérience au printems suivant. Un mois après, je fus nommé chancelier de la maison d'Orléans, de sorte que les occupations de cette place, et ensuite les troubles de la révolution, m'empêchèrent de donner aucune suite à ce projet. Au reste, mon mémoire et le jugement de M. de Borda doivent exister dans les bureaux de la marine. Voici l'explication succincte du moyen.

Il consiste à couvrir l'endroit où l'on veut former une rade, d'une jetée composée dans le sens de sa longueur de 12 files de pilots, implantés dans la mer à refus de mouton, éloignés tous les uns des autres de 12 pieds, et traversés dans le sens de la jetée par de petites poutrelles de 2 pouces quarrés, et de 12 pieds de longueur, de manière que les poutrelles excédant de 6 pieds de chaque côté chaque pilot, toutes les poutrelles d'un pilot touchent par leurs deux bouts, les poutrelles des deux pilots voisins. Les poutrelles de la première pile de pilots (celle qui est extérieure à la rade, c'est-à-dire, du côté du large) sont espacées de 24 pouces; les poutrelles de la seconde file sont espacées de 22 pouces, et ainsi de suite, en diminuant toujours de 2 pouces à chaque file, de manière qu'à la douzième et dernière file, les poutrelles sont près-à-près, et font muraille.

L'effet de la mer sur cette jetée est facile à comprendre. Tous les pilots sont isolés les uns des autres. Lorsque les vagues viennent frapper les pilots de la première file, les poutrelles fléchissent, sans avoir évidemment assez de force pour exposer les pilots à se rompre, à raison de leur grand intervalle. Les vagues perdent donc un peu de leur action, et par conséquent les espaces des poutrelles de la seconde file peuvent être un peu plus petits, puisque les pilots de cette seconde file ont à supporter un effort un peu moindre que ceux de la première. Par la même raison les poutrelles de la troisième file peuvent être un peu plus rapprochées que celles de la seconde, celles de la quatrième que celles de la troisième, et ainsi de suite, d'où il résulte que les vagues perdant successivement de leur force, à mesure qu'elles se brisent sur une file de pilots, ont perdu toute la force de leur impulsion lorsqu'elles arrivent à la dernière file ; celle-ci peut donc former muraille, et l'eau, derrière cette file, doit être nécessairement parfaitement calme.

(104) Dans le mémoire que je remis en 1785, sur cette invention, au Gouvernement, j'en proposois l'application au port du Havre, où, par le moyen de 5 mille toises de jetées, je formois une rade capable de contenir en toute sûreté 600 voiles marchandes, et 80 vaisseaux de ligne. J'avois choisi ce port de préférence, parce qu'il est au centre de la Manche, à l'opposite de Portsmouth et de Plymouth ; que la mer y reste longtems *étale*, avantage infiniment précieux dans un port à marée, et que rendant très-calme la mer à l'extrémité des deux jetées qui forment l'ouverture de l'avant-port, rien n'auroit empêché d'y établir des portes, et de former ainsi de la totalité du port du Havre, un seul et même bassin, assez vaste pour contenir mille navires toujours à flot.

Lorsque je remis ce projet au maréchal de Castries, je connoissois trop bien l'esprit de corps qui anime toutes les grandes corporations, pour n'être pas certain que mon projet seroit rejeté s'il étoit soumis à l'examen du corps des Ponts et Chaussées, chargé alors de la direction des ouvrages des ports, et je ne remis mon mémoire au ministre qu'à condition que je n'aurois pas d'autres juges que le chevalier de Borda. Personne ne rend plus de justice que moi aux ingénieurs des Ponts et Chaussées : c'est certainement de tous les corps qui existent en Europe, celui où il y a le plus de science et de talens. Mais c'est précisément la raison pour laquelle il s'opposera constamment à tout projet qui n'émanera pas immédiatement de lui. Ne voyons-nous pas aujourd'hui les entraves qu'il s'efforce de mettre à l'exécution des plans de M. Girard, pour le tracé du canal de l'Ourcq, quoique cet ingénieur, d'un mérite très-distingué, soit du corps, et que son projet, en même tems grand et utile, soit sagement conçu? Le comité ne combat si vivement ce projet, que parce qu'il diffère de celui qu'il a donné, et cependant le chef qui a signé le mémoire publié au nom du comité, est lui-même un homme aussi distingué par sa probité que par ses talens supérieurs. Ce que je craignois en 1785 arrivera donc encore aujourd'hui si le Gouvernement, sentant les avantages de mon projet, en renvoie l'examen aux Ponts et Chaussées. Ce corps a adopté pour l'amélioration des ports un système très-vicieux, sur-tout pour la Manche, celui des écluses de chasse. Tous les ports de cette mer sont menacés d'encombrement par un galet que les vagues y charient sans cesse : ce n'est pas à le repousser quand il arrive, mais à l'empêcher d'arriver, que doivent tendre tous les soins d'un habile ingénieur : l'écluse de chasse ne repousse le galet qu'à une foible distance, et là où elle cesse d'agir, il se forme des attérissemens qui font perdre tout le fruit du travail dispendieux de ce genre de construction. Le banc de galet formé à l'extrémité de la jetée nord du port du Havre, et celui qui règne tout le long de la jetée sud du port de Dieppe, sont des preuves évidentes de la vérité de ce que j'avance ici. Des jetées construites comme je le propose, et formant le demi-cercle sur un rayon de 5 ou 6 cents toises au-devant de l'entrée de ces deux ports, non-seulement formeroient d'excellentes rades, mais conserveroient par-tout dans ces deux ports une profondeur constante. De pareilles jetées pourroient être construites devant Boulogne, Calais,

Dunkerque, sur la côte d'Arcachon, par-tout enfin où l'on a un fond de sable fin. Ces ouvrages ne seroient pas très-dispendieux, en tirant les matériaux des Pyrénées, et en ayant soin de commencer les jetées à leur naissance contre le rivage, pour avoir sur les pilots même, à fur et à mesure qu'on les implanteroit, des points d'appui solides pour les *sonnettes à déclid*(1).

Mais, dira-t-on, la prudence ne prescrit-elle pas à un Gouvernement de ne procéder à l'exécution d'un projet qu'après avoir consulté les gens de l'art? Oui, sans doute, lorsqu'un projet n'est établi que sur des bases ordinaires et des moyens déja usités, et que les juges chargés de son examen, n'ont aucun intérêt personnel à le rejeter. Mais cette obligation prétendue des examens ne deviendra-t-elle pas toujours funeste, lorsque celui qui propose un projet a de grands titres à une juste confiance, que ses opérations rendent inutiles celles dont sont chargés ceux

---

(1) Plusieurs puissances de l'Europe possèdent des côtes maritimes, et n'ont ni ports ni rades. Combien le moyen que je propose ici ne peut-il pas leur devenir utile! Le roi de Prusse pourroit ainsi se créer sur les côtes de la Pomeranie, et la République italienne sur la Méditerranée et le golfe Adriatique, des rades et des ports aussi beaux et aussi commodes que ceux qui existent dans les pays les plus favorisés à cet égard de la nature.

au jugement desquels on le soumet, et sur-tout lorsque ses vues sont nouvelles et contraires aux idées généralement reçues ? La découverte de l'Amérique eût-elle jamais été faite, si l'exécution du projet du célèbre Colomb eût dépendu de l'approbation des marins du tems ? Mais sans recourir à une comparaison qu'on pourroit regarder comme trop orgueilleuse, ne suis-je pas déja une preuve du danger qu'il y a dans les choses nouvelles, de consulter les gens du métier ? Excepté M. Sané, dont le zèle pour les progrès de l'art et la bonne foi, égalent les talens, toutes les personnes tenant à la marine, qui ont eu connoissance de mes découvertes, n'ont-elles pas constamment empêché depuis trois ans qu'elles soient adoptées, quoiqu'irrévocablement constatées par des expériences décisives ? Sans le zèle ardent qui anime M. Frochot, pour tout ce qui intéresse le bien public, les avantages précieux de ma construction en planches n'étoient-ils pas exposés à être méconnus à jamais ? Et d'ailleurs quel est l'homme qui a le droit de juger celui qui étant entré dans la carrière avec des connoissances étendues, n'expose ses idées qu'après les avoir mûries pendant quarante années consécutives ? Quel est celui qui, en s'arrogeant ce droit, rendra un jugement impartial, si un très-grand intérêt personnel l'invite à étouffer le cri de sa conscience ? . . . Mais j'oublie que cet ouvrage n'est point une plaidoierie ; je m'arrête : le jour approche où toutes les intrigues obscures de la malveillance et de l'envie seront dévoilées : le puissant protecteur des sciences, et qui les cultiveroit lui-même avec le plus brillant succès si ses hautes occupations lui en laissoient le tems, connoîtra bientôt la vérité, et certain alors d'en obtenir justice, j'aurai un titre de plus à ses bontés et à son estime, celui de ne l'avoir point importuné par mes sollicitations. Je reviens à mon sujet.

(105) Puisque j'en suis à l'article des ports, je ne puis me dispenser de parler d'une autre de mes inventions qui a été approuvée au rapport de M. Forfait, par l'Institut national, et dont, malgré les ordres positifs donnés à deux fois différentes par le Premier Consul, motivés sur l'utilité dont il a reconnu qu'elle étoit, il m'a été impossible d'obtenir l'expérience.

Cette invention, à laquelle j'ai donné le nom de cale flottante, a pour objet de construire à neuf, ou de radouber de fond en comble, et de caréner les plus grands vaisseaux de guerre comme ceux du commerce, en les soulevant hors de l'eau par le moyen d'un grand ponton très-plat, accolé de deux chalans ouverts par en haut, dont le fond est de quelques pouces seulement plus bas que la surface supérieure du ponton. Lorsqu'il est question de radouber un vaisseau, on fait couler bas le ponton en le remplissant d'eau, et en le maintenant par le moyen de chalans latéraux à la profondeur convenable. Ces chalans latéraux ont en outre la fonction de conserver la stabilité dans le tems de l'immersion, et de la démersion du ponton. Lorsque le ponton est coulé bas, on fait passer le vaisseau par-dessus, et on l'accore contre les chalans comme dans un bassin; ensuite on pompe l'eau qui est dans le ponton. Il soulève alors le vaisseau, et le fait sortir tout entier hors de l'eau. Lorsque le vaisseau est réparé, on le met à flot par la manœuvre inverse. Je ne dirai rien de plus de cette invention, parce que le rapport de l'Institut national, qui a été imprimé dans plusieurs journaux, et particulièrement dans le *Moniteur*, l'a fait assez connoître. Je me borne à observer que son usage est préférable dans les ports à marée, à celui des bassins, parce qu'en remplissant le même objet il est beaucoup plus économique, et qu'il seroit d'une utilité extrême dans tous les ports où nous n'avons point de bassins, et sur-tout dans ceux où, faute de marée, on ne peut en construire. La célèbre Forme de Grognart, construite à Toulon, a coûté quatre millions et demi. On construiroit avec la moitié de cette somme dix grandes cales flottantes qui procureroient la faculté de réparer à-la-fois dix grands vaisseaux de guerre, tandis que la Forme de Grognart ne peut servir à en réparer qu'un seul. L'utilité de mon invention est si évidente sous ce seul point de vue, que je ne conçois pas les raisons qui ont pu déterminer le Ministre de la Marine à se refuser, malgré mes vives instances et les ordres précis du Premier Consul, à une expérience au Havre, pour laquelle je ne demandois qu'une somme modique de 50 mille fr., et à laquelle je m'engageois, à raison de l'urgence des autres travaux entrepris dans ce port, à n'employer aucuns des ouvriers attachés au service de la marine.

J'ai vu annoncer dans les papiers publics, l'exécution à Ostende de *bassins flottans*. Je ne puis supposer qu'on ait voulu me frustrer par là, comme au Havre pour la construction en planches, du juste prix de mon invention, en l'exécutant sous une dénomination différente. Je crois plutôt que le procédé qu'on emploie à cet égard n'est autre que celui pratiqué à Amsterdam pour faire passer le *Pampus* aux vaisseaux de guerre. J'observe, si ma conjecture est juste, que cette espèce de bassin flottant est d'une bien moindre utilité que mes cales flottantes, et d'une construction trois fois plus dispendieuse par plusieurs raisons majeures que je n'expose pas ici pour ne pas allonger inutilement cet ouvrage, mais que je me réserve de développer en tems et lieux.

(106) Je pourrois exposer encore ici plusieurs autres inventions toutes relatives à la Marine, telles qu'un gréement nouveau, en vertu duquel les voiles produiront beaucoup plus d'effet, seront plus faciles à manœuvrer, et pourront s'orienter sur les plus gros vaisseaux de manière à aller à 20 degrés plus près du vent que par le gréement actuel ; un doublage en bois propre à remplacer celui en cuivre, sans en avoir les inconvéniens, etc. ; mais ayant la possibilité d'essayer toutes ces inventions sur mon navire de Paris, je crois inutile de les expliquer ici, et je me borne, pour terminer ce que j'ai à dire sur la Marine, à entrer dans quelques détails sur une de mes inventions contre laquelle on

pourroit prendre une prévention défavorable, à raison de l'essai infructueux qui vient d'être fait d'un procédé semblable au mien. Je veux parler des avirons verticaux que je propose de substituer aux avirons horisontaux qui produiront toujours un effet très-foible lorsqu'on les appliquera à des navires tant soit peu grands.

Avant de s'occuper des détails d'un procédé, un bon mécanicien doit commencer par s'assurer par le calcul, lorsqu'il le peut, s'il y a dans le procédé qu'il a imaginé les moyens suffisans pour produire l'effet qu'il a en vue. Commençons donc par là.

Suivant les observations de M. Bouguer, une surface plane d'un pied quarré mue avec une vîtesse d'un pied par seconde, éprouve 1 livre 7 onces de résistance. Ainsi la même surface mue avec une vîtesse de $4\frac{3}{4}$ pieds par seconde, équivalant à celle d'une lieue marine à l'heure, éprouve une résistance $= (1\frac{7}{16}) \times (4\frac{3}{4})^2 = (32,43)$ livres.

La surface du maître couple de mon vaisseau de Paris, y compris l'épaisseur des bordages, est, au tirant d'eau de $4\frac{1}{2}$ pieds, d'environ 80 pieds quarrés. Si l'on réfléchit, en vertu de nos expériences sur la résistance des fluides, à l'énorme différence qu'il y a entre la résistance qu'éprouve mon vaisseau, et celle qu'éprouveroit un prisme droit dont la base auroit la même superficie que mon maître couple, on ne doutera pas que la résistance du fluide éprouvée par le prisme droit, ne fût 15 ou 20 fois moins considérable que celle éprouvée par mon vaisseau. Je suppose néanmoins que la résistance ne soit réduite qu'au dixième, et sûrement elle est réduite à beaucoup moins. La résistance de mon vaisseau n'est plus alors que celle d'une surface plane de 8 pieds. Ainsi cette résistance est égale à (22,43) × 8 = (259,44).

Si la puissance qui a cette résistance à vaincre agissoit sur un point fixe, elle devroit être capable d'un effet égal à (259,44) × $4\frac{3}{4}$ = 1232 à très-peu près. Mais cet effet doit être double, en vertu de l'observation développée à l'article 43, lorsque la puissance est appliquée à des avirons, parce que l'effet de l'aviron est autant de repousser en arrière l'eau frappée par la pale, que de pousser en avant le vaisseau. L'effet dont doit être capable la puissance appliquée aux avirons de mon vaisseau, doit donc être égal à deux fois 1232 ou à 2464, pour imprimer une vîtesse d'une lieue marine à l'heure. Or l'effet dont un homme est capable (*art.* 26) est égal à 160. Donc en employant la force des hommes d'une manière analogue à leurs habitudes ordinaires, et en ne les faisant agir qu'avec une vîtesse de 3 pieds par seconde, il suffit de 16 hommes pour procurer à mon vaisseau la vîtesse d'une lieue marine à l'heure. Or si ce vaisseau est armé en chaloupe canonnière, on peut appliquer habituellement 30 hommes aux avirons, si on n'exige pas d'eux un travail trop éloigné de leurs habitudes naturelles, parce qu'il peut embarquer 90 hommes, dont 30 toujours en activité, et que par conséquent chacun d'eux ne seroit tenu qu'à un travail de 8 heures sur 24, auquel il peut facilement suffire.

Il résulte de ce calcul que si mon navire est

destiné à être armé en chaloupe canonnière, il doit éprouver, en vertu de sa forme, une résistance assez peu considérable pour recevoir la vitesse d'une lieue marine à l'heure (et sûrement une plus considérable encore) par la force de ses avirons, pourvu que les hommes employés à les mettre en mouvement ne se servent de leurs forces que d'une manière analogue à leurs habitudes naturelles, et que l'action des avirons soit sagement combinée. Ces deux conditions ne peuvent être remplies dans les grands navires avec des avirons horisontaux, et tous les inconvéniens qui leur sont alors inhérens disparoissent en se servant d'avirons verticaux. Mais pour que ceux-ci remplissent efficacement leur objet, il faut : 1°. que les hommes ne soient pas tenus à un mouvement qui ne leur étant point ordinaire, leur seroit trop pénible, tel que celui des manivelles; 2°. qu'ils ne soient forcés d'agir qu'avec la vitesse qui leur est propre, celle de 3 pieds par seconde; 3°. que le bras extérieur de l'aviron soit très-long, et le bras intérieur très-court, de sorte que si la profondeur de l'eau ne permet pas que l'extrémité de l'aviron descende plus bas que la quille, l'axe de rotation de cet aviron soit très-élevé au-dessus du niveau de l'eau; 4°. que le mécanisme de l'aviron soit combiné de manière à pouvoir le descendre lorsque le navire navigue sur une eau profonde, afin que le centre d'effort de la pale agisse à une profondeur beaucoup plus considérable que le tirant d'eau; 5°. il faut enfin éviter de se servir d'un mécanisme trop compliqué, d'abord parce qu'il augmente considérablement la résistance de l'aviron lorsqu'il se meut en sens contraire de la route, ensuite parce qu'il est physiquement démontré impossible que tout mécanisme tant soit peu compliqué, soumis à l'action des vagues, ne soit promptement démonté à la mer. Aucune de ces conditions, toutes également essentielles, n'a été remplie dans la construction des avirons verticaux qui ont été éprouvés dernièrement devant les Invalides, et l'essai devoit nécessairement en être infructueux. J'ose assurer que je serai plus heureux dans l'essai des avirons verticaux que j'ai imaginés.

CHAPITRE XIII ET DERNIER.

Résultats politiques de mes découvertes.

(107) Les causes les plus foibles produisent souvent les plus grands effets : jamais une vérité plus triviale, mais plus constante, n'a eu une application aussi juste que dans les circonstances où je me trouve. En effet, je vais proposer des opérations administratives et militaires qui doivent, les unes, doubler, tripler peut-être la puissance des souverains, en la fondant sur sa seule base solide, la félicité de leurs sujets ; les autres, bouleverser entièrement tous les rapports politiques qui existent aujourd'hui entre toutes les nations : certes, le seul exposé de si grands effets par une si petite cause est peu propre, je le sens, à inspirer de la confiance.

Cependant, pour peu qu'on y réfléchisse, on sentira que les plus grands événemens politiques n'étant, en dernière analyse, que des résultats de la pensée humaine, il est dans la nature des choses que toute grande conception nouvelle, et par conséquent toute découverte qui entraîne des conséquences capitales, produise, quoique souvent très-simple, de très-grandes révolutions dans la destinée générale du monde. Ainsi, par exemple, la seule invention de l'imprimerie, a plus contribué, depuis trois siècles seulement, au bonheur des nations par la circulation rapide des connoissances, que tous les plus beaux plans de gouvernement conçus et mis à exécution depuis l'origine des sociétés, par les plus célèbres législateurs : ainsi la seule découverte de la boussole, en ouvrant une nouvelle route des Indes, et en procurant la connoissance d'un nouveau continent, a plus changé l'état politique de tous les peuples de la terre, que les exploits des plus fameux conquérans.

Je ne me dissimule pas néanmoins combien la prévention qui s'élève contre les découvertes est difficile à vaincre, lorsque les résultats qu'elles présentent sont opposés à toutes les idées généralement reçues. Croiroit-on aujourd'hui, si l'histoire n'en attestoit la vérité, qu'il fallut dix ans au célèbre Colomb pour parvenir à persuader qu'en navigant toujours à l'ouest, on devoit nécessairement, ou arriver aux limites du continent que nous habitons, ou en découvrir un nouveau? Je sais encore que l'ignorance ou la charlatanerie ont abusé trop souvent de la crédulité publique pour ne pas justifier jusqu'à un certain point la méfiance qu'on témoigne aux inventeurs. Mais celui qui approchant du terme d'une longue carrière, l'a employée toute entière à l'étude et à la méditation, doit-il être confondu avec cette foule de visionnaires et d'imposteurs qui n'ont réussi que trop souvent à tromper les Gouvernemens les plus sages?

Une étude approfondie de l'Architecture navale pendant près de quarante années consécutives; l'expérience acquise par la construction de quatre navires dont une frégate de 40 canons, et une corvette qui a navigué longtems avec succès pour le service de la République; deux approbations accordées en 1785 par le meilleur juge peut-être sur cette matière, le célèbre géomètre Borda, à deux projets de moi que le Gouvernement d'alors me chargea en conséquence de mettre à exécution, mais auxquels les occupations d'une grande place, et ensuite les troubles de la révolution, m'ont seuls empêché de donner aucune suite; une nouvelle approbation accordée en dernier lieu par l'Institut national à une de mes inventions dont le Premier Consul a ordonné l'essai; enfin l'estime particulière, j'ose le dire, dont m'honorent plusieurs géomètres distingués, et les deux plus habiles constructeurs de notre marine ; voilà, je pense, des titres certains à une juste confiance. Mais quelque fondé que je sois à la réclamer, j'ai jugé que les résultats de mes longs travaux étoient d'une trop haute importance pour me borner à établir une simple probabilité de leur certitude, lorsque j'avois la faculté de la démontrer rigoureusement, et je me suis en conséquence déterminé à la publication de cet ouvrage. Que les hommes d'Etat et les riches capitalistes qui peuvent se servir de mes idées, les uns, pour le bonheur des peuples, les autres, pour d'utiles spéculations, consultent à présent des géomètres de bonne foi, des gens de l'art sans préventions, et ils seront convaincus de la réalité des grands résultats qu'il me reste à exposer.

Les travaux qui ont formé l'occupation principale de toute ma vie, ayant eu deux objets principaux, la Navigation intérieure et la Marine, il convient de les discuter séparément.

(108) On a senti de tous tems, et la Hollande est une preuve de cette vérité, qu'une navigation intérieure très-active est une source tellement abondante de prospérité publique, qu'elle peut suppléer à la stérilité du sol. Mais mal-

heureusement les seuls moyens connus jusqu'à ce jour pour étendre et multiplier la navigation intérieure, sont si compliqués; ils sont fondés sur des localités naturelles si rares, et ils exigent des procédés si dispendieux, que les Gouvernemens les plus occupés du bien public se sont trouvés très-rarement dans le cas de les employer. En les simplifiant, comme je l'ai fait, par la substitution des plans inclinés aux écluses; en réduisant par là à la seule dépense des infiltrations et de l'évaporation le volume d'eau dont la navigation a besoin; en réduisant au quart celui nécessaire aux moulins et usines; enfin en réservant ainsi une masse d'eau énorme pour l'irrigation des campagnes, j'ouvre à tous les Etats, à ceux dont le sol est le plus ingrat, comme à ceux dont il est fertile, une source inépuisable de prospérité publique. Ce n'est pas ma seule patrie, c'est le monde entier qui doit retirer les fruits les plus précieux de cette première partie de mes travaux, par laquelle j'apprends à convertir en canaux navigables les plus petits courans d'eau, et à trouver dans les plus considérables un superflu propre à couvrir d'inondations artificielles les plus vastes territoires. Ainsi, par exemple, les sables stériles du Brandebourg et de la Poméranie, peuvent désormais rivaliser les riches prairies de la Hollande ; la fertile Hongrie, dont les abondantes denrées ont si peu de valeur par la difficulté des transports, peut devenir le royaume le plus riche et le plus peuplé de l'Europe ; le vaste empire de Russie peut sortir de la ligne des grands Etats, pour devenir, en quelque sorte, une cinquième partie du monde, en portant son agriculture, son commerce et sa population, au niveau de son étendue. Eh ! quelle influence ce premier résultat de mes travaux ne doit-il pas avoir sur le bonheur des peuples, s'il fait remplacer la manie dévastatrice des conquêtes, par le zèle bienfaisant des améliorations ? S'il persuade aux souverains que leur grandeur et leur puissance consistent plus à doubler leur population sans augmenter leur territoire, qu'à doubler leur territoire sans augmenter leur population ? Les conquêtes, indépendamment des calamités qu'elles entraînent après elles, ne procurent pas toujours, à beaucoup près, tous les avantages qu'elles promettent. A quels dangers l'ambition de Louis XIV n'a-t-elle pas exposé la France ? Il suffit de l'acquisition d'une seule province nouvelle pour éveiller la jalousie de tous ses voisins, et pour entraîner des guerres ruineuses qui font perdre pendant longtems tout le prix de ses conquêtes, tandis qu'une augmentation égale de population qu'on se procure sur son propre sol par le seul développement de son industrie, assure un accroissement immédiat de puissance, sans qu'on se soit attiré un ennemi, sans qu'il en ait coûté une larme. L'emploi des moyens que j'ai indiqués ne pourroit manquer de doubler la population de la France dans la période d'une génération, et néanmoins le repos de l'Europe ne seroit point exposé à être troublé par un seul coup de canon : mais qui peut calculer l'étendue des désastres qu'occasionneroit la tentative de doubler son territoire par la force des armes ?

Ces considérations sont trop frappantes pour échapper aux hommes d'Etat qui tiennent dans leurs mains la destinée des peuples, et je crois inutile de chercher à les convaincre par des développemens plus étendus. J'espère, au reste, que cet ouvrage remplira la seule vue dans laquelle il a été écrit, celle d'éclairer les principaux chefs de notre Gouvernement sur ces trames obscures de l'envie et de la malveillance ourdies depuis trois ans avec tant d'acharnement contre moi. Si j'atteins le but que je me suis proposé, je trouverai sûrement dans les sentimens de bienveillance que m'a déja témoignés le Ministre de l'Intérieur, dans le zèle ardent qui l'anime pour le bien public, dans l'étendue de ses connoissances, et dans la protection du magistrat éclairé, chargé de l'administration du département de la Seine, tout l'appui nécessaire pour parvenir à réaliser des projets sur le succès desquels il ne peut plus rester de doutes, et dont particulièrement la ville de Paris doit retirer de si grands avantages.

En effet, l'exécution par le travers de la Rapée d'un seul barrage tel qu'il est expliqué à l'article 50, en prouvant la possibilité de maintenir toujours 3 pieds d'eau dans le lit de toute la Seine, et de toutes les rivières qui y affluent, particulièrement la Marne, démontreroit la faculté d'assurer en tout tems la libre arrivée à Paris de tous les objets de consommation. La construction d'un seul moulin par mes procédés (*art.* 19), celle d'une écluse à plans inclinés (*art.* 55), et d'un bateau propre à résister à l'effort du hissage, suffiroient pour prouver, non-seulement que tous les cours d'eau affluant à la Seine peuvent être rendus navigables, mais encore que d'abondantes irrigations pourroient mettre toutes les campagnes à l'abri du funeste fléau des sécheresses; l'établissement du mécanisme expliqué à l'article 44, sur le bateau de nouvelle construction dont je viens de parler, prouvant que le tirage des chevaux peut s'opérer à bord, indiqueroit le moyen de remédier au grand inconvénient du tirage ordinaire dans le tems des fortes eaux; enfin l'expérience du navire que je bâtis actuellement à Paris, et qui, à 5 pieds seulement de tirant d'eau, sera propre à entreprendre les voyages du plus long cours, ne laissera aucun doute sur la possibilité de rendre immédiatement Paris un véritable port de mer, aussitôt que l'essai du barrage (*art.* 50) aura été fait. Telles sont les expériences qu'il seroit nécessaire que fît le Gouvernement, non pour s'assurer du succès des procédés que je propose, car je me flatte de l'avoir démontré dans cet ouvrage, mais pour en convaincre les riches capitalistes, et une fois convaincus, le Gouvernement n'auroit plus qu'à se reposer avec confiance sur la considération de leur intérêt personnel, pour l'exécution complette de mes plans sur tout le territoire français, par entreprises partielles faites aux risques, périls et fortune des entrepreneurs, sans que le Gouvernement, se réservant néanmoins la surveillance, fût obligé d'y fournir des fonds.

Passons à présent à la partie de mes travaux qui concerne la Marine.

(109) Avant d'établir les grands résultats politiques où doivent conduire mes découvertes sur l'Architecture navale, il convient d'insister sur un avantage infiniment précieux qu'elles procurent. La construction du *Svar-til-alt*, et celle de mon vaisseau de Paris, prouvent que, quel que soit le système de construction qu'on adopte, et quelque forme qu'on se détermine à leur donner, toute espèce de navires, les plus grands vaisseaux de guerre comme les vaisseaux marchands, peuvent être construits avec des bois droits de mince échantillon, et des planches, sans y employer ces gros bois courbes qui deviennent si rares et si dispendieux. Ainsi, en supposant même qu'on rejetât le nouveau système de guerres maritimes que je vais bientôt proposer, en vertu duquel les gros vaisseaux de guerre se trouvant sans objet, deviennent inutiles, et qu'en conséquence les grandes puissances maritimes continuassent d'en construire, mes nouveaux procédés de charpentage diminueroient de moitié le prix de leur construction, et par là un des plus grands gouffres où vont s'engloutir les finances d'une grande partie des principaux Etats de l'Europe, seroit à moitié comblé. Voilà pour les vaisseaux de guerre : mais combien cet avantage ne devient-il pas

plus précieux pour les vaisseaux de commerce auxquels on peut procurer une solidité supérieure à celle qu'ils ont aujourd'hui, en n'employant dans leur construction que des planches non-seulement de sapin, mais même de ces bois blancs si communs, si bon marché, et qu'on n'a rejetés jusqu'à présent que parce qu'on n'avoit pas songé à la manière de les employer pour en former des constructions solides? Combien cette prodigieuse économie des gros bois de construction ne doit-elle pas tourner au profit du chauffage, dans tous les pays tels que la France, où il s'élève à un prix exorbitant? Combien de terreins rendus à la culture par la suppression de ces nombreuses réserves devenues désormais inutiles? Enfin, quels riches débouchés cette découverte n'ouvre-t-elle pas en France à d'immenses forêts de sapin, presque sans valeur aujourd'hui, telles que celles des Pyrénées, et dans d'autres pays, la République italienne, la Hongrie, etc., qui abondent en bois de cette espèce?

(110) Quelques personnes m'ont témoigné des doutes sur la durée de mes vaisseaux, fondées sur la crainte que par l'effet de l'application des couches de planches les unes sur les autres, les

couches intermédiaires ne fussent exposées à s'échauffer et à pourrir promptement. L'expérience du *Svar-til-alt* fait tomber entièrement cette objection. Lorsqu'à la suite de son terrible échouage du Havre, je me transportai dans cette ville il y a un an, pour le réparer, je fis ouvrir sur les cinq couches de planches de sa coque un trou de 8 pouces en quarré, pour examiner l'état des couches intermédiaires, posées depuis quatre années révolues, et il fut constaté par un procès-verbal que non-seulement le bois n'avoit éprouvé aucune détérioration, mais qu'il s'étoit même sensiblement bonifié, ainsi que j'avois annoncé que cela devoit être en me fondant à cet égard sur une foule de raisons physiques trop longues à déduire ici. Bien loin que mes vaisseaux en planches de sapin soient exposés à durer moins que les vaisseaux en gros bois de chêne, l'exemple du *Svar-til-alt* prouve, au contraire, qu'ils dureront beaucoup plus longtems, précisément par la même raison que les bois de sapin tenus constamment sous l'eau ou dans la terre, se conservent intacts plusieurs siècles de suite. Passons enfin à des résultats plus importans.

(111) Toute personne qui n'étant point en état

de juger la partie théorique de cet ouvrage, consultera des géomètres et des gens de l'art de bonne foi, sur le développement des principes exposés très-au long dans le chapitre X, sera pleinement convaincue que les navires construits par mes nouveaux procédés de charpentage, et d'après la théorie nouvelle à laquelle m'ont conduit mes expériences, jouiront incontestablement des propriétés suivantes : 1°. ils auront sur les plus fins voiliers actuels une supériorité de marche en quelque sorte incalculable; 2°. leur tirant d'eau sera réduit presqu'à moitié; 3°. ils jouiront à un degré plus éminent de toutes les qualités nécessaires à une bonne navigation. Or je dis à présent que la réunion de toutes ces qualités doit opérer nécessairement dans les rapports politiques de tous les Etats de l'Europe, une révolution égale peut-être à celle qu'a opérée, il y a trois siècles, la découverte d'un nouveau Monde. Plus cette assertion peut paroître extraordinaire au premier coup-d'œil, plus je dois m'efforcer d'en démontrer la vérité.

Le commerce maritime a été de tout tems une des principales causes de la puissance des nations en suppléant par les richesses qu'il procure, au peu d'étendue du territoire, et à la foiblesse de la population. Le haut degré de prospérité dont ont joui successivement Tyr, Carthage, Venise, Gênes, le Portugal et la Hollande, sont une preuve de cette vérité que l'exemple actuel de l'Angleterre achève de rendre incontestable. C'est en effet par son seul commerce maritime qu'elle s'est placée au premier rang des Etats de l'Europe, dont ses moyens naturels de force devoient la tenir si éloignée. Mais lorsqu'on considère la foiblesse des bases sur lesquelles a toujours reposé la puissance des Etats commerçans, on s'apperçoit bientôt combien cette puissance est précaire. Celle de l'Angleterre n'est fondée aujourd'hui que sur la redoutable marine militaire qu'elle est parvenue à se créer : mais comment cette marine lui a-t-elle procuré sa puissance colossale, et comment la lui conserve-t-elle ? En la soutenant dans un état de guerre presque permanent avec celles des autres puissances maritimes dont elle redoute l'accroissement, et en maîtrisant par la crainte celles qui ne peuvent s'élever à sa hauteur ; en prévenant par ses nombreuses croisières l'envahissement de son territoire et de toutes ses Colonies ; en conservant avec ces mêmes Colonies une communication constamment libre en tems de guerre, tandis qu'elle intercepte celle des Colonies ennemies avec leurs métropoles ; en protégeant ses flottes marchandes par de forts convois ; enfin en couvrant les mers d'un assez grand nombre de vaisseaux de guerre pour enlever tous les vaisseaux marchands, non-seulement ceux de ses ennemis en vertu du droit naturel de la guerre, mais même ceux des puissances neutres, en vertu d'un prétendu droit des gens qu'elle a créé par la force. C'est par tous ces moyens réunis que l'Angleterre est enfin parvenue à faire presque seule le commerce du Monde entier. Or qu'on y réfléchisse bien, et l'on sera convaincu que toutes ces causes de la puissance britannique se réduisent à une seule, le nombre et la force de ses vaisseaux de guerre. Empêchez donc ces vaisseaux de guerre de remplir les différens objets pour lesquels ils ont été construits ; bâtissez des navires marchands qui aient un sillage si rapide qu'ils ne puissent être atteints par aucun des plus fins voiliers actuels, et qui, tirant extrêmement peu d'eau, ne soient point exposés à être bloqués dans les ports, par la faculté de longer extrêmement près les côtes basses dont les gros navires actuels sont forcés de se tenir éloignés ; faites-les à cet effet très-petits, mais propres néanmoins à tenir aussi bien la mer que de grands ; enfin construisez en même tems pour l'Etat un assez grand nombre de ces petits navires pour porter en plusieurs flotilles nombreuses des armées de 30 ou 40 mille hommes, et voilà cette redoutable puissance britannique immédiatement paralysée ; voilà que tous ses vaisseaux de guerre lui deviennent aussi inutiles que si par un événement extraordinaire, ils étoient tout-à-coup brûlés ou submergés tous à-la-fois.

C'est à son seul isolement du reste de l'Europe que l'Angleterre doit le haut degré de puissance qu'elle a acquis. Les nations du Nord ont bien quelques vaisseaux ; mais la foiblesse de leur population, et le peu de fertilité de leur territoire, exigent qu'elles s'occupent plus de l'amélioration de leur agriculture, que de l'extension de leur commerce extérieur ; d'ailleurs le Danemarck et la Suède sont trop pauvres, et la Russie est trop occupée du soin d'étendre son influence continentale, pour prendre une part active dans les guerres maritimes : l'Autriche et la Prusse n'ont point de marine, et n'ont pu en avoir jusqu'à ce jour : l'ascendant que le Portugal a laissé prendre à l'Angleterre sur son commerce, le rend plutôt encore son tributaire que son allié : l'Espagne presqu'uniquement occupée du soin d'extraire de l'or de ses immenses colonies, est rarement divisée d'intérêt avec une puissance habile, très-éclairée sur les vrais principes du commerce, et qui profite plus qu'elle des trésors qu'elle tire de ses mines: la Hollande, condamnée par la nature de ses ports à ne pouvoir armer que de petits vaisseaux, ne peut plus désormais jouer dans les guerres maritimes d'autre rôle que celui d'auxiliaire : la France est donc le seul grand Etat de l'Europe que l'Angleterre puisse considérer dans l'état actuel des choses, comme un ennemi redoutable. Elle n'a donc acquis, elle ne conserve donc un si haut degré de puissance, que parce que n'ayant réellement que ce seul ennemi à combattre, elle est parvenue à se procurer une force très-supérieure à la sienne dans la seule espèce de guerre qu'elle a eu jusqu'à ce jour à soutenir contre lui. Mais que le système maritime actuel change, et tout l'édifice de cette puissance si redoutable aujourd'hui, s'écroule. Déja le héros qui nous gouverne, sans renoncer encore à lui disputer l'empire immédiat des mers, a ouvert contr'elle un nouveau plan de campagne dont l'heureux succès est présagé par les vives inquiétudes qu'il lui inspire : que les autres puissances de l'Europe, qui ont le même intérêt que la France à assurer l'indépendance des mers, imitent son exemple, en se hâtant de profiter à cet effet de mes découvertes; que l'Espagne, la Hollande, la Russie, l'Autriche, la Prusse, la Suède, le Danemarck, la République italienne construisent dans la multitude de ports grands ou petits qu'elles possèdent, des flotilles propres à embarquer des armées; que les navires qui composeront ces flotilles aient une marche tellement supérieure qu'il soit impossible à aucun des vaisseaux actuels de les atteindre, et que ne tirant pas plus de 5 pieds d'eau, comme mon navire de Paris, ils puissent partir de tous les points à-la-fois, et aborder toutes les côtes, celles sur-tout assez basses pour ne pouvoir y être suivis par aucun des bâtimens de guerre actuels, je le demande alors : tout l'avantage de la situation géographique de l'Angleterre qui fait aujourd'hui sa force principale, n'est-il pas immédiatement perdu? Je dis plus : cette situation dans la présente hypothèse, devient aussi contraire à sa sûreté qu'elle lui étoit auparavant avantageuse, parce que bien loin de continuer à être inabordable à raison de son isolement, elle se trouve, au contraire, dans le même cas que si elle étoit placée au centre de l'Europe, limitrophe avec toutes les autres grandes puissances, et pouvant être attaquée par elles toutes à-la-fois sur tous les points en même tems de ses frontières. Ses colonies ne sont pas plus à l'abri d'une invasion, puisque des corps nombreux de troupes, des armées même s'il le faut, peuvent y être transportées sans avoir à craindre la rencontre des flottes actuelles. Or, je le demande encore : si toutes les grandes Puissances de l'Europe, fatiguées avec raison de la dépendance où l'Angleterre tient depuis longtems leur commerce, se concertoient d'un commun accord, non pour l'attaquer sur son propre territoire, mais pour envahir toutes ses colonies, et si elles composoient par une répartition proportionnelle à leurs facultés respectives, un armement général propre à transporter 150 ou 200 mille hommes en Amérique et dans l'Inde, l'Angleterre pourroit-elle défendre ses colonies contre des invasions si redoutables, et réduite alors à ses seules frontières naturelles, ne deviendroit-elle pas une Puissance du second ou du troisième ordre ?

Mais, me dira-t-on, aussitôt que les Anglais auront connoissance de votre nouveau système maritime, ils s'empresseront d'adopter votre nouvelle construction, pour bâtir d'après vos propres principes d'autres vaisseaux de guerre qui, marchant aussi bien que vos vaisseaux de transport, pourront les atteindre au large ; et qui, tirant aussi peu d'eau, pourront les poursuivre par-tout. Je tombe d'accord que la chose peut arriver ainsi, et c'est une raison, pour le dire en passant, qui doit déterminer toutes les Puissances maritimes à se hâter de profiter de mes découvertes, afin de prévenir leur puissant ennemi commun qui ne manquera pas de se les approprier promptement. Mais si l'Angleterre se presse de faire bâtir de nouveaux vaisseaux d'après mes principes, qui empêche les autres Puissances d'en faire autant, chacune de leur côté? Ne se trouvent-elles pas à cet égard toutes au pair avec elle? Quelles que soient les richesses de l'Angleterre, est-elle dans la possibilité de faire à elle seule, et dans un tems donné, la même quantité de constructions que toutes les autres Puissances peuvent faire ensemble? Quand elle auroit cette possibilité, ne perd-elle pas toujours immédiatement toute sa puissance maritime, puisque toutes ses flottes actuelles lui deviennent tout-à-coup inutiles? et mes découvertes en opèrent-elles une révolution moins grande, lorsqu'elle rétablit à l'instant même une égalité parfaite entre l'Angleterre et chacune des autres nations maritimes, tandis qu'aujourd'hui ses seules forces navales sont supérieures à la réunion de toutes celles de l'Europe ?

Quoique très-effrayés des immenses préparatifs de Bonaparte, les Anglais se flattent qu'il lui sera impossible de vaincre les obstacles que la nature paroît opposer à l'exécution de ses projets. Il seroit très-inconsidéré de discuter ici les difficultés d'une descente ; il y en a sans doute, et de très-grandes : mais le passage pour une armée d'un canal de sept lieues seulement de largeur, est-il plus difficile que celui du mont Saint-Bernard ? Ce passage une fois franchi, les milices anglaises sont-elles plus difficiles à vaincre que les légions autrichiennes ? Tout ce que peuvent faire les obstacles naturels contre une résolution bien déterminée de Bonaparte, c'est d'en reculer l'effet ; et qui l'empêcheroit, en attendant le moment favorable pour exécuter ses projets actuels, de préparer une autre expédition contre l'Inde, afin d'envahir par mes moyens, ce second territoire de l'Angleterre, source plus féconde encore de ses richesses que son territoire propre ? Il suffiroit pour réussir dans cette seconde entreprise, de choisir pour centre de l'opération un port imblocable, celui de Bayonne, et d'y construire avec les bois de sapin qu'on tireroit des Pyrénées, 2 ou 3 cents navires, ne tirant pas 7 pieds d'eau, et pouvant porter chacun 3 cents hommes de débarquement. Puisque le port de Bayonne est imblocable par sa situation au fond d'un grand golfe terminé par des côtes très-basses, l'armement seroit toujours libre de sortir quand on le voudroit : puisque les navires qui le composeroient auroient une marche extrêmement supérieure à celle des plus fins voiliers actuels, une fois au large, nulle flotte ennemie ne pourroit l'atteindre : puisque ces mêmes navires dont il seroit composé ne tireroient que 7 pieds d'eau, il n'existe pas un seul point des immenses côtes de l'Inde où il ne pût aborder, et où il ne fût sûr de débarquer l'armée de 40 ou 50 mille hommes qu'il porteroit. Or, une semblable armée une fois débarquée, composée de soldats français, commandés par nos habiles généraux, n'est-elle pas assurée de faire promptement la conquête de l'Inde?

Par combien de considérations puissantes une expédition si glorieuse ne peut-elle pas être ennoblie? Quelle influence l'établissement d'une grande Monarchie fondée sur des principes libéraux (seul genre de gouvernement propre à ces brûlans climats) ne peut-elle point avoir sur cette vaste partie du monde où les institutions humaines ont toujours été en contradiction avec une nature bienfaisante, où l'air le plus pur a toujours été souillé par le souffle empoisonné de la servitude, où la fécondante industrie n'a jamais sillonné le plus fertile des sols, où l'espèce humaine enfin, plus douce et plus sensible que par-tout ailleurs, a été constamment dégradée depuis tant de siècles par l'ignorance et la superstition?

Si la conquête de l'Angleterre offre à nos armées triomphantes l'appât d'un riche butin, la conquête de l'Inde offre l'espoir de grandes souverainetés pour nos généraux, de riches domaines pour nos officiers, de fertiles métairies pour nos soldats. Ce beau pays qu'une ambition sanguinaire ou une insatiable cupidité a dévasté si souvent depuis trente siècles, n'a jamais goûté, dans la durée d'une si longue période, la douceur d'un gouvernement modéré. Jamais une législation bienfaisante n'a réparé les calamités des guerres si nombreuses et si sanglantes qu'il a éprouvées. Conquérir l'Inde pour la rendre heureuse; naturaliser sur les rives du Gange les sciences, les arts et l'industrie qui fleurissent sur les bords de la Seine; y fonder un gouvernement sage et analogue au climat, qui puisse y prendre de profondes racines, y jeter de proche en proche des germes fructifians, et préparer de loin le rétablissement des droits sacrés de l'humanité sur une vaste partie du monde où ils ont été si longtems méconnus : voilà un nouveau genre de gloire que les hautes destinées de Bonaparte devoient lui réserver. Elle peut seule achever de l'élever au-dessus des conquérans les plus fameux; il les égale déjà par l'éclat de ses victoires : mais ils ont ravagé le monde, et il en aura fait le bonheur.

En traçant l'apperçu des opérations auxquelles ma découverte doit donner lieu, je n'ai voulu qu'éclairer le Gouvernement (parce qu'on s'efforcera peut-être de l'égarer à cet égard) sur le parti qu'il peut tirer de mes découvertes, et je n'ai pas eu, comme on le pense bien, la ridicule présomption de lui dicter la conduite qu'il doit tenir. Cependant sans avoir la témérité de chercher à pénétrer les desseins sagement impénétrables du Premier Consul, on peut prévoir que mes découvertes une fois bien constatées, limiteront nécessairement toutes les opérations de la présente guerre, à des expéditions de la nature de celle que j'ai exposée. Il ne pourra plus être question de nous créer une marine pour aller combattre la marine anglaise, puisque celle-ci ne pourra plus ni intercepter notre commerce, ni empêcher l'invasion de son territoire et de ses colonies. Ce ne seront plus des citadelles, mais des casernes flottantes qu'il nous faudra construire (1) : or, je le demande à présent : du moment que mes découvertes ouvriront le chemin des mers à nos armées victorieuses, qui peut prévoir les suites de la révolution qu'elles opéreront dans le système général du commerce de toute l'Europe et du Monde entier ? Les vaisseaux de guerre qui existent actuellement, à quelque nation qu'ils appartiennent, ne pouvant plus remplir l'objet pour lequel ils ont été construits, il me semble que cette puissance maritime à laquelle tant de

(1) Il y a trois ans que je ne cesse d'annoncer les résultats de mes découvertes ; mais toutes les tentatives que j'ai faites pour arriver jusqu'au chef du Gouvernement, ont été vaines. Combien ne sont-ils pas coupables, ceux qui cédant au sentiment d'une basse envie, ou n'écoutant que la voix de leur intérêt personnel, m'en ont constamment écarté ! De quels immenses capitaux n'ont-ils pas à se reprocher d'avoir laissé faire l'infructueux emploi, par ces constructions si dispendieuses de gros vaisseaux de guerre dont l'usage devoit être inutile ! Mais le triomphe de l'injustice auprès de Bonaparte ne peut être que passager. Quand il connoîtra, par la lecture de cet ouvrage, les justes droits que j'ai à sa confiance, et ceux que me donnent à son intérêt, le sacrifice que j'ai fait de deux établissemens qui m'étoient offerts en pays étrangers, pour lui faire un hommage personnel de mes découvertes, et quand il saura que le seul prix de ce sacrifice n'a été depuis trois ans qu'une affreuse détresse, je suis certain que je serai bientôt vengé.

nations aspirent aujourd'hui, cessera immédiatement d'exister, ou du moins qu'elle sera entièrement subordonnée à la puissance continentale. Toutes les forces navales actuelles une fois paralysées, d'autres forces navales établies sur de nouveaux principes, pourront sans doute les remplacer un jour : mais toute force maritime n'en est pas moins anéantie immédiatement ; et pendant que les grandes Puissances que leur position y invitent, travailleront à reprendre la supériorité maritime les unes sur les autres, rien n'empêchera celles qui ont aujourd'hui peu de vaisseaux, telle que la Russie, ou celles qui, n'en ayant point du tout, telles que l'Autriche et la Prusse, possèdent des côtes maritimes, d'imiter l'exemple de la France, en construisant chacune des flotilles pour transporter par mer des armées nombreuses avec beaucoup plus de promptitude, et beaucoup moins d'embarras que par terre. Si cela arrive ainsi, tous les Etats deviennent, pour ainsi dire, limitrophes. Nous sommes aussi voisins du Mexique que de la Catalogne ; les rives du Gange sont aussi accessibles aux armées Russes que celles du Pô..... Mais ne cherchons point à épuiser un sujet si riche. Les grands résultats n'effraient que lorsqu'ils sont présentés trop brusquement. Qu'on y réfléchisse mûrement, et je suis convaincu que l'imagination passera encore le but que je viens de présenter.

Au reste, le dix-neuvième siècle s'est annoncé à son aurore par des événemens si extraordinaires, que ceux que je viens de prédire n'étonneront pas même nos neveux. C'est une chose très-remarquable que les quatre grandes époques de l'histoire du Monde soient aussi illustres, par la culture des lettres et des sciences, que par l'importance des événemens. Le siècle d'Alexandre fut distingué par les plus célèbres orateurs que la Grèce ait produits, et par la naissance d'un systême de philosophie qui a gouverné le Monde moral pendant deux mille ans; le siècle d'Auguste, par la création de chefs-d'œuvre qui seront à jamais chez tous les peuples des modèles de poésie; le siècle de Louis XIV, par la découverte que deux génies également profonds firent en même tems du calcul infinitésimal, devenu la clef de toutes les sciences exactes, et par une si grande foule de chefs-d'œuvre dans la langue française, qu'elle est devenue, et qu'elle restera la langue universelle de l'Europe; le siècle de Bonaparte le sera par la perfection où l'on verra porter les deux sciences les plus utiles à l'homme dans l'état social, la chimie, qui s'applique à presque tous les arts, et la navigation qui, bornée aux rivières et canaux, ne fait qu'une seule province de toutes les provinces d'un grand Etat, et qui, étendue sur le vaste Océan, ne fait qu'un seul peuple de tous les peuples de la terre.

Je m'attends à être accusé de présomption, d'oser, en parlant de navigation, me considérer comme un des élémens composant la masse de gloire qui illustrera le siècle de Bonaparte. Mais pourquoi n'en obtiendrois-je pas une foible fraction, en contribuant au succès de ses vastes desseins, comme tant de héros en ont obtenu en contribuant à ses victoires? Au reste, si mes prétentions sont trouvées orgueilleuses, c'est à cet ouvrage qu'il appartient de les justifier. Je ne me suis déterminé à le publier que dans l'espérance que, plus heureux que moi, il arrivera jusqu'à Bonaparte : aussi familier à l'étude des sciences qu'à celle de la guerre et de la politique, c'est principalement à son jugement immédiat que je le soumets : qu'il le lise, et triomphant bientôt des obscures intrigues de l'envie et de la malveillance, je deviendrai une nouvelle preuve qu'il suffit au citoyen qui a le moins de crédit, de parvenir à lui faire connoître le mérite de ses travaux, pour être assuré d'en retirer le fruit.

FIN.

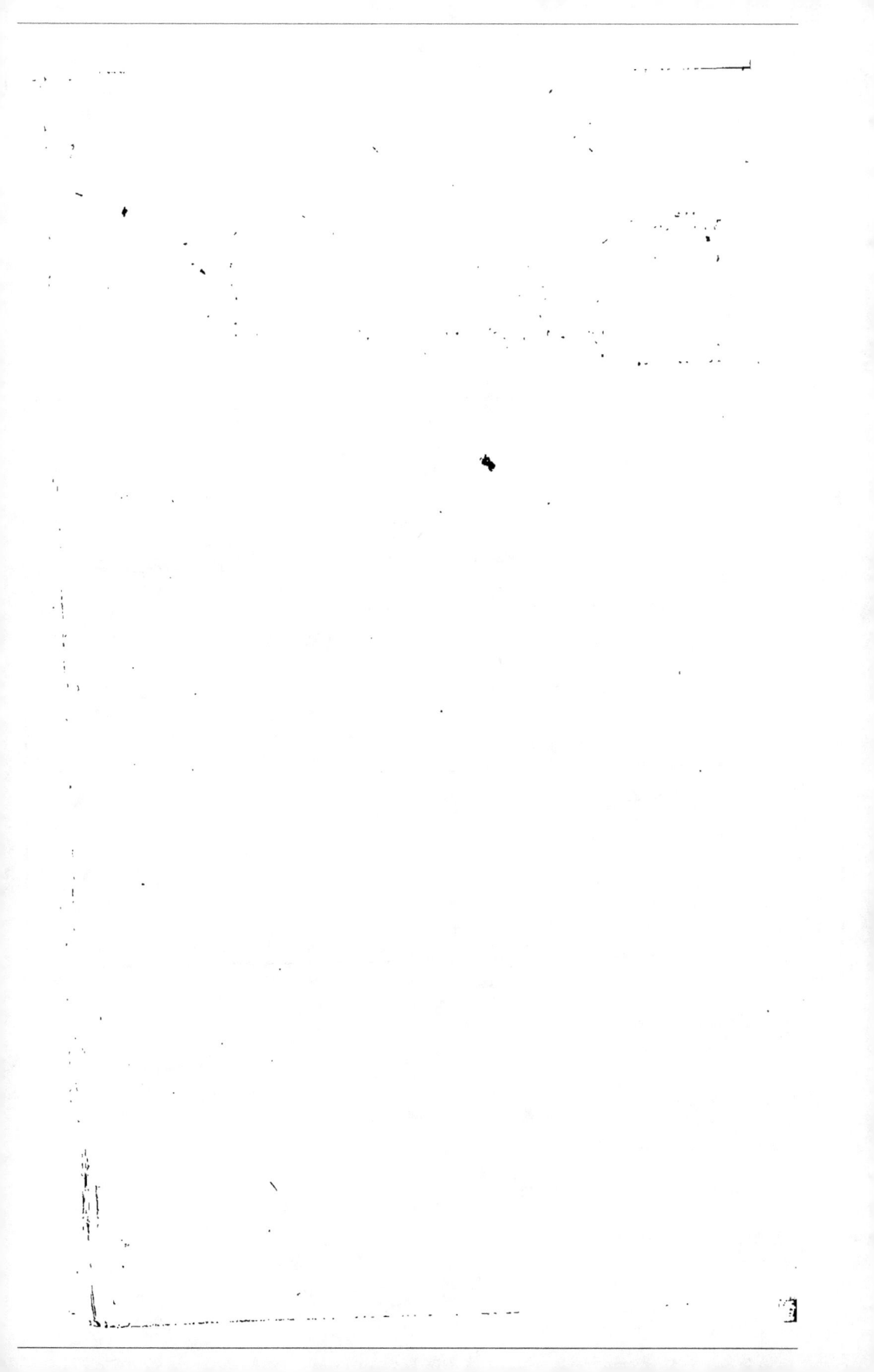

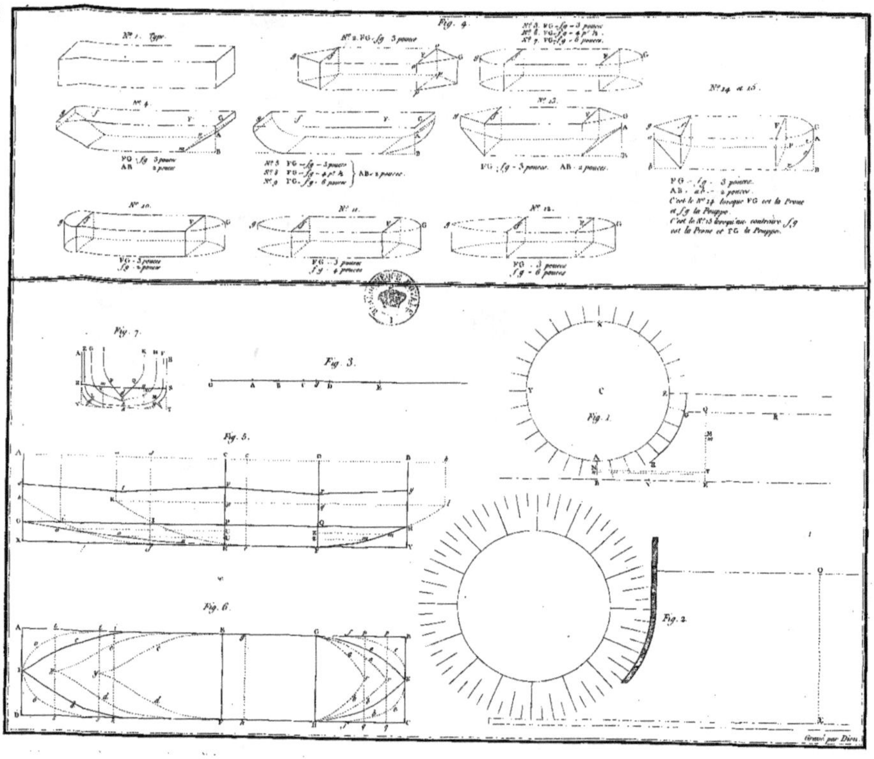
Fig. 4.
Fig. 7.
Fig. 3.
Fig. 1.
Fig. 5.
Fig. 6.
Fig. 2.
Gravé par Dieu

www.ingramcontent.com/pod-product-compliance
Lightning Source LLC
Chambersburg PA
CBHW072303210326
41519CB00057B/2598
* 9 7 8 2 0 1 9 2 0 1 5 4 8 *